市町村と
森林経営管理制度

全国林業改良普及協会 編

林業改良普及双書 No.194

まえがき

２０１９（平成31）年4月にスタートした森林経営管理制度。市町村が森林所有者と経営管理を行う「林業経営者」を橋渡しすることで、地域管理が適切に行われなかった森林について、地域の森林管理が適切に進められることが期待されています。

市町村が積極的に地域の森林管理に携わるということは、地域ニーズを踏まえ、地域の関係者が一丸となって独自の地域戦略を描くことも可能です。一方で、多くの市町村には、森林・林業職員がいないのが実情で、市町村主導で進めるにはなかなかハードルが高いという声が多いのも事実です。

こうした中で、全国各地で地域特性を活かした本制度の推進に向けた様々な取り組みが進められています。地域によって様々な課題が整理され、その課題解決に向けた多くの試行錯誤が行われています。つまり地域の数だけ求められる答えがあります。

そこで本書では、全国の取り組み事例から本制度の推進に向けたヒントを探りました。まず事例編1では、先行する市町村による7つの事例を紹介しました。

事例編2では、森林経営管理制度について都道府県側による市町村支援に特化した組織を立ち上げた3事例を紹介しました。

また、解説編として、市町村側の課題を踏まえた上で市町村を支援する手法について箕輪富男・林野庁森林整備部森林利用課長にまとめていただきました。

本書の取りまとめにあたりましては、林野庁をはじめ、関係市町村、都道府県林業普及指導事業主管課、および全国の林業普及指導員の皆様に御世話になりました。ここに御礼を申し上げます。

2020年2月　全国林業改良普及協会

目次

解説編

■埼玉県秩父地域
地域づくりにおける自伐（型）林業の役割と可能性

埼玉県秩父市環境部森づくり課主任／湯本　仁亨《まさゆき》

■岐阜県中津川市

岐阜県中津川市農林部林業振興課総括主幹（兼）林業振興対策官／内木《ないき》　宏人

目次

■愛媛県久万高原町

林業成長産業化の推進と森林経営管理制度　133

愛媛県中予地方局産業経済部久万高原森林林業課森づくりグループ担当係長／坂本　康宏

解説編

森林経営管理制度への取り組み

～市町村における課題とその解決に向けて～

森林経営管理制度への取り組み
～市町村における課題とその解決に向けて～

林野庁森林整備部森林利用課長
箕輪　富男

２０１９（平成31）年４月、森林経営管理法が施行され、「森林経営管理制度」がスタートしました。新たな制度では、適切な経営管理（＝手入れ）が行われていない森林について、市町村が森林所有者や林業経営者との橋渡し役となることで経営管理が進むことが期待されています。

一方で、新しく創設された制度でもあり、市町村においては、「何から取り組んでよいのかわからない」、また、「森林・林業の知見がなく難しい」といった声をお聞きします。

そういった市町村が抱える課題について、解決策の一助になればということで、全国の市町村の取り組み状況も踏まえつつ整理していきたいと思います。

1．森林経営管理制度への取り組み

(1)森林経営管理法（森林経営管理制度）の仕組み

森林経営管理制度は、森林所有者自身が森林の経営管理を実施できない場合に、所有者に代わって林業経営者や市町村が経営管理を行う仕組みです（図1）。

制度では、まずは森林所有者の責務として適切に森林の経営管理を行うことを明確化しています。その上で、適切な経営管理が実施されていない森林がある場合、

①市町村は、森林所有者に、自ら手入れを行うのか、市町村に経営管理を委託したいのかなど、その意向を確認（意向調査）します。

②森林所有者から市町村に委託したいとの要望があれば、経営管理を行うための権利を市町村に設定（経営管理を委託）します。

③さらに市町村は、林業経営に適した森林は、林業経営者に再委託し、

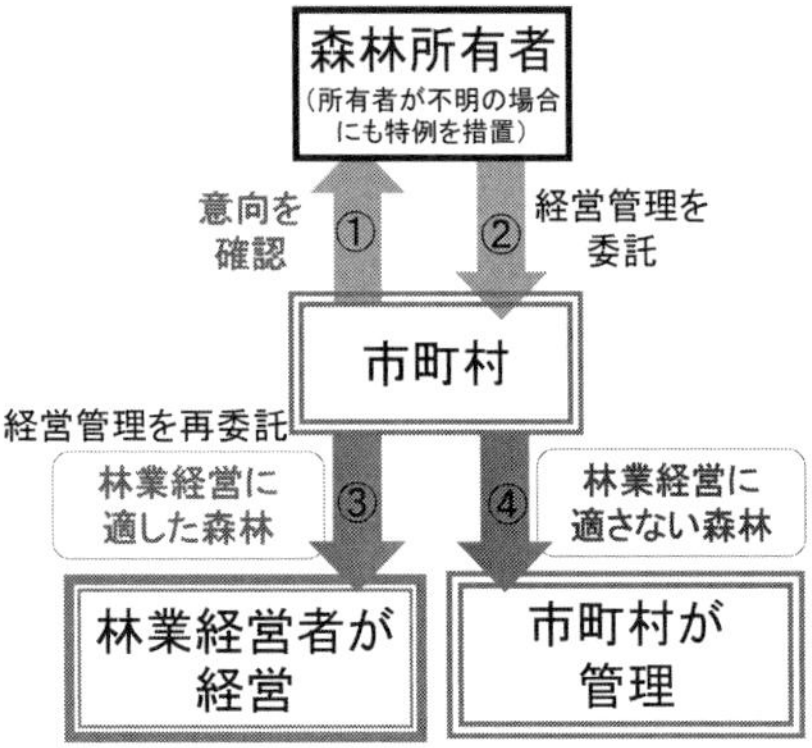

図１　森林経営管理制度の仕組み

④林業経営に適さないために、再委託できない森林や再委託に至るまでの間の森林については、市町村が管理を実施します。

(2) 森林経営管理制度の進め方～まずは意向調査から～

森林経営管理制度は、森林所有者への意向調査からスタートします。でも、どの森林（所有者）から調査を実施すればよいのでしょうか。それを決めるためには、森林の情報を整理し、対象となる森林を抽出、優先順位を決定していきます（図２）。

①森林情報を整理し、対象となる森林を抽出しよう

意向調査の対象となる森林は、手入れが必要な森林（人工林）なのに、手入れが遅れている森林となりますので、市町村内の森林からこの対象となる森

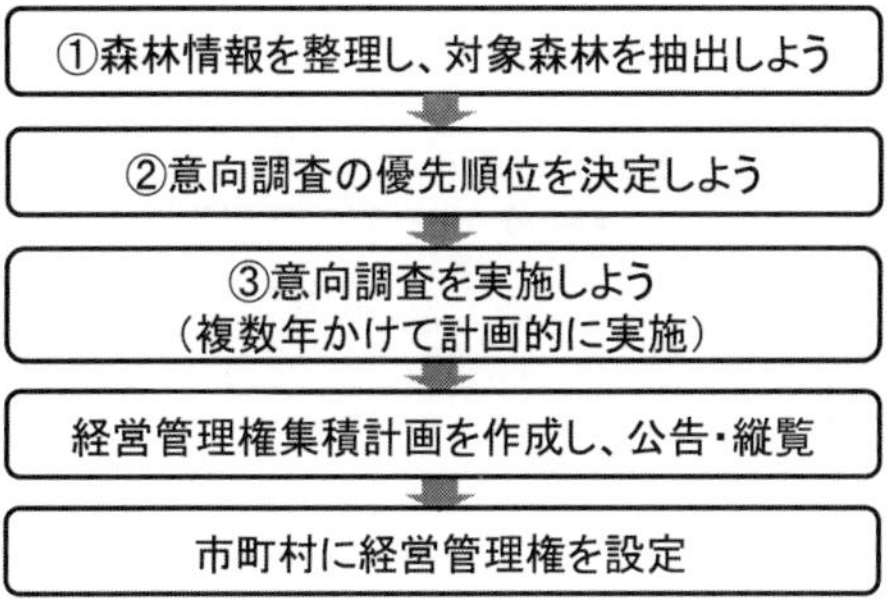
①森林情報を整理し、対象森林を抽出しよう
②意向調査の優先順位を決定しよう
③意向調査を実施しよう
（複数年かけて計画的に実施）
経営管理権集積計画を作成し、公告・縦覧
市町村に経営管理権を設定

図２　森林経営管理制度の主な流れ

林を抽出する作業を行います。

抽出にあたっては、都道府県が所有する森林簿（樹種などの森林の情報を記載）や森林計画図（森林の図面）、そして市町村が保有する林地台帳（森林所有者情報を記載）などの森林情報を収集し、手入れが行われていない森林（例えば過去10年間、間伐等を実施していない森林）を抽出します。なお、多くの都道府県では、森林ＧＩＳ（地理情報システム）や森林クラウドが整備され、森林簿や森林計画図等の情報を電子化しており、これを利用することで、抽出作業を効率的に行うことが可能になっています。

②意向調査の優先順位を決定しよう

抽出された森林を対象に意向調査を実施していくわけですが、抽出された森林すべてを一度に調査することは、大変な労力を要しますし、多くの依頼が市町村にあった場合に対応できないことも想定されます。

このため、抽出された森林をいくつかの区域に分けるとともに、意向調査の優先順位をつけた実施計画を作成します。本実施計画に基づき、複数年かけて計画的に調査を実施することにより業務を平準化し、無理なく取り組むことが可能になると考えています。

具体的には、区域の分け方として、森林の計画区や林班、地形（小流域）、行政区、公民館、小学校の校区などを単位とすることが考えられます。また、優先順位は、森林の手入れが特に遅れている区域や林業経営に適した区域から順位を付ける地域が多いようですが、本書に掲載されている秩父地域の市町では、地籍調査済みの区域やPR効果の高い区域から取り組むなどとしており、市町村の実情（方針）に応じて決定することが可能です。

③意向調査を実施しよう

このように区域を分け、優先順位を付けた意向調査の実施計画が策定できたら、優先順位の高い区域から順次意向調査を実施します。

なお、意向調査の実施にあたっては、いきなり調査票を郵送してしまうと回答率が低くなるようです。このため、事前に住民の皆さまに対して、市町村の広報・ウェブサイトを通じ制度を周知していくこと、さらに、区域ごとに説明会を開催し、制度の概要や趣旨を説明した上で調査票を配布したり、郵送する場合も制度の概要を記載したパンフレット等を同封することなどにより、より多くの回答が寄せられるようです。

④モデル地区を設定し意向調査を実施

以上が、標準的な意向調査の手順ですが、すぐには、意向調査の実施計画を定めるのが難しい場合などには、モデル地区を設定し、試行的に調査を実施してみるのも一案かと思います。

実際、既に意向調査を行っている市町村の多くで、まずはモデル地区で調査を行い、その結果を分析した後に、順次範囲を拡大することとしています。

なお、モデル地区の設定は、本制度に興味があり協力が得られやすい地区や水源地など重要性が高い地区などを選択することが考えられます。

⑤地域の関係者と連携し意向調査を進めよう

これらの取り組みを進めるにあたっては、市町村が持っている情報だけでは、判断できない場合もあるかと思います。その場合には、都道府県（の現地機関）や地域の森林・林業経営者、森林総合監理士（フォレスター）、さらには地域住民などの関係者の方々と情報交換するなど、連携することで業務を円滑に進めることが可能になると思います。

⑥意向調査の回答を踏まえた対応

森林所有者からの回答を踏まえ、経営管理権集積計画の作成手続きを進める等の対応を検討します。なお、その詳細な手続きは、本稿ではスペースの関係もあり記載しませんでしたが、ここで紹介した意向調査の手順も含め、その手続きを整理した「森林経営管理制度に係る事務の手引」を林野庁のウェブサイトに掲載していますのでご参照ください。

(3)市町村の体制整備への支援について〜地域全体で最適な体制整備を〜

一方で、制度を進めたいが、「森林・林業担当者がいない」、「林業の技術者が不在で、専門的な知見がない」ことで、お悩みの市町村もあるかと思います。

この課題を解決するためには、地域の関係者との連携が大変重要かと思います。全国の事例を見ていくと、例えば、

①外部人材の雇用

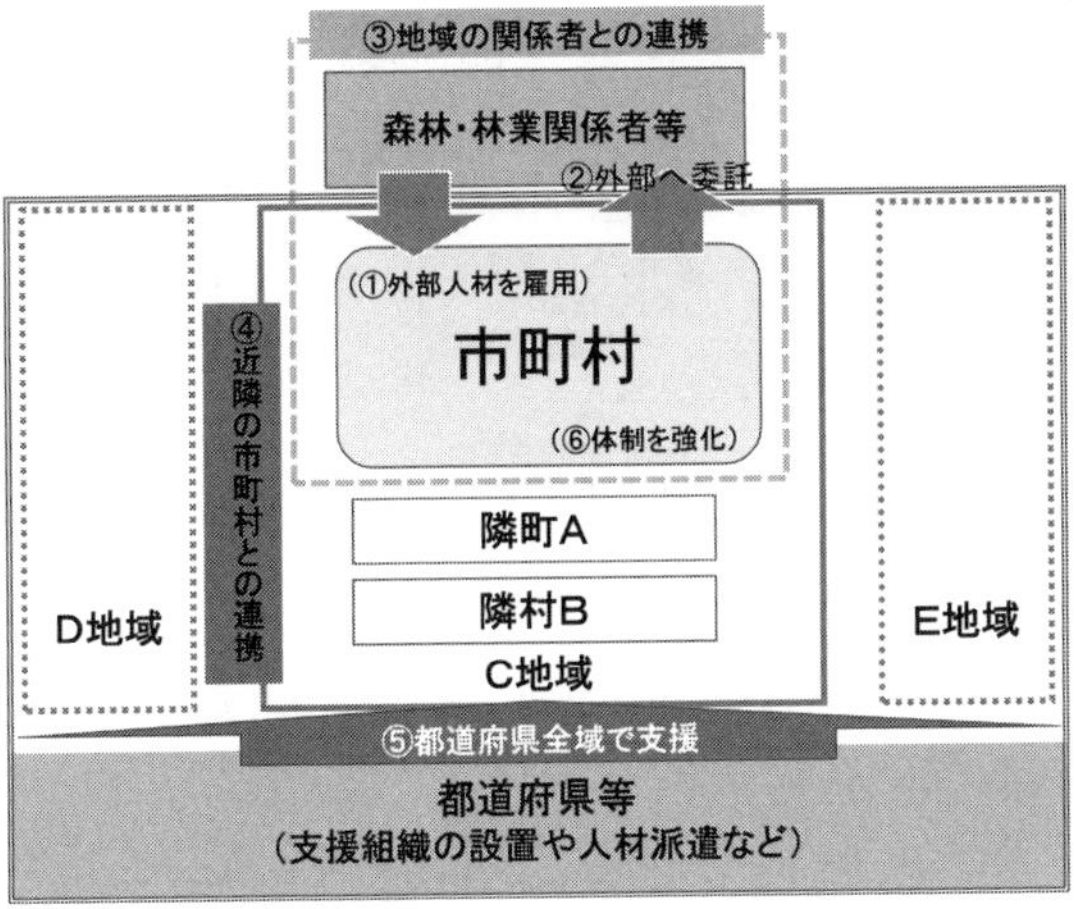

図３　市町村の体制整備のイメージ

②外部へ委託（アウトソーシング）
③地域の森林・林業関係者との連携
④近隣の市町村との連携

さらには、

⑤都道府県などによる支援体制の構築

など、各地域の実情に応じ様々な手法を用いて体制を整備されているようです（なお、これらを組み合わせて取り組んでいる地域もあります）（図3）。

①外部人材の雇用

森林・林業担当職員が不在（不足）している場合、その解決方法として、専門的な知見を有する林業技術者の方を雇用することが考えられます。

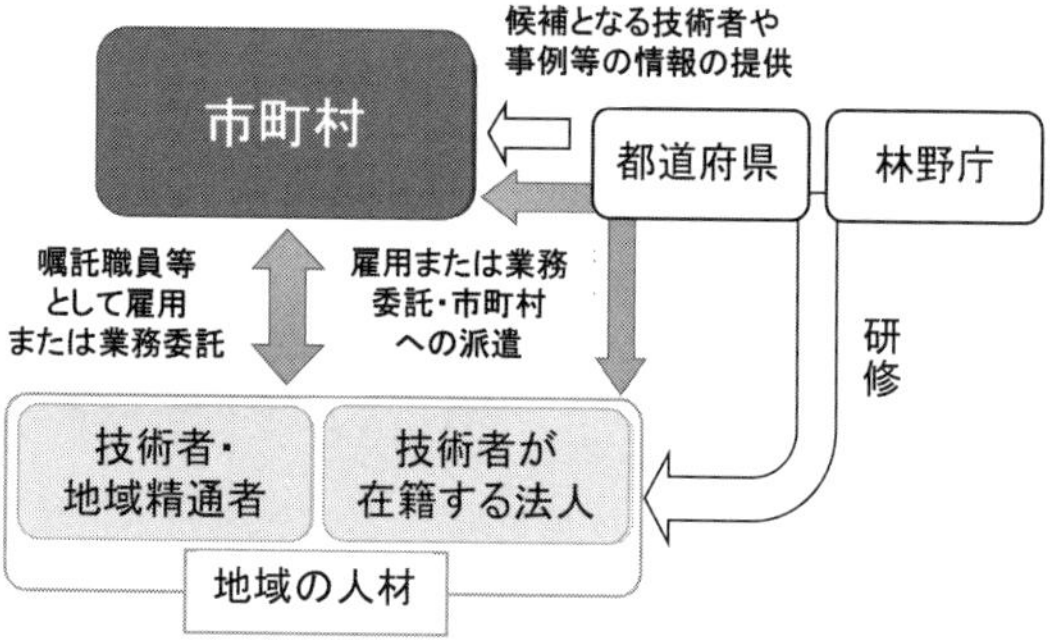

図４　地域林政アドバイザー制度の仕組み

森林・林業分野では、２０１７（平成29）年度から、林業技術者を雇用したり技術者が在籍する法人に業務を委託する場合に、その経費について支援を行う「地域林政アドバイザー制度」（図４）を実施しており、既に活用している市町村もあります。

林野庁では、関係団体への働きかけや林野庁ＯＢへの照会を実施し、技術者の確保に努めており、その情報については、都道府県等を通じて市町村にお届けするようにしています。

一方で、地域によっては、勤務地と居住地とのミスマッチや技術者そのものの数が少なく、技術者を確保できないという声もお聞きします。そのような地域では、複数の市町村が共同でアドバイザーを雇用することや、都道府県等でアドバイザーを雇用して、複数の市町村の指導・助言にあたってもらうことも一案かと考えています。

なお、既に独自の人材バンクを創設し、市町村への情報提供を実施している都道府県もありますので、ご相談いただければと思います。

②外部への委託

制度にかかわる事務の一部を森林・林業関係者の方々に委託することで業務を効率的に進めている市町村もあります。

なお、どの業務を委託するのかは、市町村、委託先、それぞれの体制や得意分野があるかと思いますので、各々の強みが発揮されるようその範囲を決定することが効果的かと思います。

例えば、意向調査は、個人情報を有し、その取り扱いに慣れた市町村が実施し、調査の回答を踏まえた個別の森林所有者との協議は、常日頃から森林所有者に接しておられ、信頼関係を築かれている森林・林業関係者の方々に委託をするといった最適の手法を探していきましょう。

③地域の関係者との連携

市町村が中心となり、地域の森林・林業関係者や自治会などと連携し、新たな組織を設置し、地域の合意形成を図りながら、制度の取り組み方針や制度にかかわる業務を進める動きもみられます。

本書でも埼玉県秩父地域の「秩父地域森林林業活性化協議会」や岐阜県郡上市の「郡上森林マネジメント協議会」が紹介されていますが、そのほかの地域においても同様の協議会の設立の動きがあります。

市町村のみならず、それぞれの専門分野の方々に集まっていただくことで、森林の経営管理だけにとどまらず、森林から生み出される木材の利用など、地域の森林を最大限に活用するためのアイデアが出るかもしれません。

④近隣の市町村との連携

近隣の市町村や流域の市町村など、複数の市町村が共同で事務処理を進めている地域もあります。埼玉県秩父地域では、近隣の1市4町が共同で、徳島県美馬地域では、1市1町が県の現地機関とも連携し新たな団体を設立し、事務処理を進めています。

近隣の市町村では、抱える悩みも共通のものが多いかと思います。また、複数の市町村で技術者を雇用することや業務委託を進めることで、経費の負担を軽減しつつ取り組むことが可能になると思います。

⑤都道府県による市町村支援について

都道府県においても市町村の業務を支援する取り組みを進めています。例えば、都道府県庁内や現地機関に専門の部署や職員を新たに設置する事例や、本書で紹介されている島根県や鹿児島県のように、外部の機関に新たな支援組織を立ち上げることや相談窓口等を設置する事例があります。さらに、独自に市町村職員向けの研修の実施や、マニュアル・ガイドラインの作成、市町村森林経営管理事業の発注に向けた設計・積算システムを構築し市町村へ配布するなどの取り組みを進められている都道府県もあります。

市町村におかれては、それぞれの都道府県がどのような支援体制を築かれているのか、一度ご相談いただければと思います。

⑥国による支援

国（林野庁）においても、

・事務の手引などの作成・配布
・各都道府県で開催された説明会において、制度の概要や事務の手引についての説明
・森林技術研修所における市町村職員を対象にした研修を新設

などの取り組みを実施しているところです。

さらに、全国の市町村の最新の取り組み情報などについても随時、共有するとともに、常時、ご質問等を受け付けておりますので、ご不明な点がありましたらお問い合わせいただければと思います。

2．森林情報の整備や境界の明確化

意向調査等の実施にあたっては、市町村内の森林情報を収集・整理し、対象となる森林を抽出する必要があります。前述したように都道府県、市町村で整備している情報を活用し、進めていくことは可能かと思いますが、地域によっては、森林資源情報の精度が低い、森林所有者情報が古い、森林境界が明確化されていないなどの課題があるかと思います。このような地域においては、新たな技術を活用するほか、住民の皆さまの協力を得ながら森林情報の整備等を進めていく必要があります。

表１　リモートセンシング技術と特性

リモートセンシング情報図の種類	リモートセンシング技術・データ（◎：最適、○：適、△：ある程度可能、×：不適）				
	有人航空機による空中写真測量	有人航空機による航空レーザ測量（航空レーザ用数値写真）	航空写真測量（衛星画像を用いた空中写真測量）	無人航空機（UAV）による空中写真測量・航空レーザ測量	アーカイブ空中写真
微地形表現図	×	◎	×	◎	×
境界木等画像判読・計測情報	◎	◎	○	◎	○
林相図	△	◎	△	◎	△
樹高分布図	△	◎	△	◎	△
過去の植生界・土地利用界等筆界関連情報	×	×	×	×	◎

資料：リモートセンシング技術を用いた山村部の地籍調査マニュアル（平成30年５月、国土交通省）より抜粋
注：平成30年の検討に基づくものであり、今後の技術向上次第では可能となる場合もある。

(1) 森林情報の整備等

リモートセンシング技術（有人航空機や無人航空機（ＵＡＶ：ドローン等）を使用した空中写真や航空レーザ）を活用して、広範囲に森林の情報を把握することが可能になりました。近年、このような技術を活用し森林情報の整備を行う、または情報整備を検討されている都道府県が多く出てきました。さらに、本書で紹介されている岐阜県郡上市のように、収集した情報については、共有化（森林クラウドの導入）を図り、市町村や地域の森林・林業関係者が最新の情報を活用できるよう整備を進められている地域もあります。

なお、リモートセンシング技術を活用するにあたっては、その特性を把握した上で、どのような情報を把握し、何に使うのか、その目的を明確にすると

ともに、都道府県と市町村の役割分担を明確化し、重複がないようにしておくことが重要になりますので事前に関係者間で十分に検討を重ねていただければと思います（表1）。

(2) 森林境界の明確化に向けた取り組み

森林経営管理制度を活用し経営管理を行うための権利を取得しても、実際に手入れを進めていくには、隣接する森林との境界を明確化していくことが必要不可欠となります。

しかし、森林所有者の高齢化や不在村化の進行により、現場に足を運ぶことができない、現地立ち会いができないことにより境界が確認できない、といった事例が発生しています。

このような中、境界を明確化していく手法として、リモートセンシング技術を活用したり、現在と過去の空中写真を比較し植生の違いから境界を推定し、森林所有者の方に確認をいただき明確化していくことが可能と考えています。

また、境界について合意形成ができない場合にも、図5にあるように、

事例1：実際に施業を行う区域については合意形成ができる場合

事例2：個々の境界の合意形成はできないが、周囲の境界は明確で、森林簿面積などから利益や経費の分配方法について合意形成ができる場合

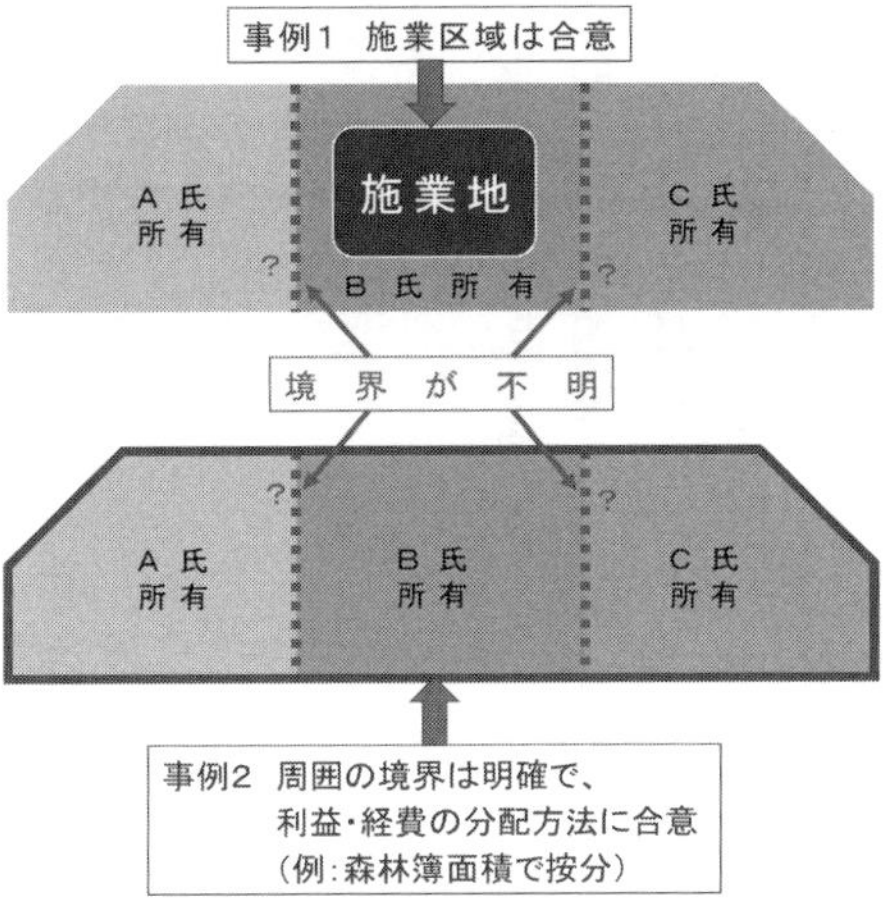

図5　境界が不明確な森林における対応例

には、手入れを行うことが可能になりますので、様々な手法をご検討いただければと思います。

3．森林環境税及び森林環境譲与税

森林経営管理制度の創設を踏まえ、森林整備等に必要な地方財源を安定的に確保する観点から、2019（平成31）年3月「森林環境税及び森林環境譲与税に関する法律案」が可決、成立し、2019（平成31）年度から森林環境譲与税の譲与が開始されました。

市町村においては、森林環境譲与税を活用し、森林経営管理制度にかかわる意向調査や間伐などの森林整備等の財源にあて、取り組みを進めることが可能となりました。

また、森林環境譲与税は、長期的かつ安定的に措置され、徐々に譲与額が増加するという特徴があります。このため森林経営管理制度についても、まずはできる範囲・内容から始め、体制の整備等に合わせ徐々にその範囲等を拡充していただければと思っています。

4. さいごに

森林経営管理制度の導入により、手入れが行われていない森林の経営管理が進み、森林の公益的な機能が発揮され地域の安全・安心の確保に寄与するとともに、これまで使われてこなかった森林（木材）が活用されることにより地域経済の活性化にも資するものと考えています。

さらに新たな制度のスタートに合わせ、森林環境税・森林環境譲与税が創設されました。

ぜひ、この機会を捉え、皆さまの地域の森林の経営管理を進めていただければと思いますし、国としても都道府県等と連携し、引き続き支援にあたっていきたいと考えていますので、ご協力をお願いいたします。

事例編 1

先行する市町村事例

秋田県大館市

秋田県大館市が取り組む森林経営管理制度のオリジナル戦略

秋田県大館市産業部農林課主査
杉山　利久

大館市の概要

大館市は、秋田県内陸北部青森県境に位置し、総面積9万1322haのうち森林面積は7万2222ha（79％）、そのほとんどが市の木「秋田スギ」で構成され、農業はもちろんのこと、林業に関しても成長産業化モデル地域に選定されるなど積極的な取り組みが行われ、市の主要産業として位置付けされています。

そのような中、2017（平成29）年12月の税制改正大綱での森林環境税・森林環境譲与税

（以下「譲与税」）の閣議決定、２０１８（平成30）年5月の森林経営管理法制定と、市としての林業政策の大転換期を迎えることになりました。

課題抽出

２０１９（平成31）年4月、森林経営管理法施行後の業務執行体制や業務量把握などの予測・予想が困難な中、はじめに取り組んだのは「課題の抽出」でした。この法施行によって「何を成し遂げたいのか？」そのためには「何が課題で何が阻害するのか？」。このようなことを一つひとつ細かく洗い出し、分析し、市として進むべき方向性を探りました。

⑴林業人問題

いくつかの課題が浮き彫りになる中で、最初に大きな課題として挙げられたのが「判断する人」の存在です。

現在の農政と林政を1つにした農林課という組織を分割し、この法施行を機に単独の林政課として事業推進に取り組もうと考えたとき、管理職・担当レベルでも施策等の方向性を的確に判断する人材がいないと言われました。

また、当市は林業職採用を行っていないため林政専任の担当者を置くことができず、人事異動により現地経験や林業知識のない事務職員が担当することが通常でした。そこですべての森林経営管理事業を委託しようとも考え、森林組合に事務レベルでの打診もしましたが、こちらも人材不足・準備期間不足により不調に終わりました。

当地域における林業人不足が浮き彫りになり「この長い年月を要し、市民の財産を信託される事業を本当にやっていけるのだろうか…」と、真っ暗なトンネルの出口が見えない状況が続きました。

(2) 財源問題

森林経営管理制度推進財源は譲与税で問題ありません。しかし、譲与税創設の本質を見ず、譲与税使途だけを勘案する当市の他部署は「木を使えば使える財源」という認識がされ、一例を挙げると「駅前駐輪場再整備の柱・屋根を木にすれば譲与税を使っていいよね」と言われる始末。確かに使途としては間違っていないが、譲与税創設の本質は「未整備森林の整備」であり、そちらの事業着手前にするものではないというのが私の考えであることから、市としての統一したビジョンを示し、市が一体として進むべき方向に向かう必要がありました。

(3) 推進方針

譲与税の算定方法が示され、各年のおおよその試算額がわかったところで、次はその額で「何が」「どれくらい」「どの程度の期間で」できるのかを精査する必要がありました。これらは各市区町村の特性によるものが大きく、独自に決定しなくてはなりません。

当市の私有林人工林（制度対象森林）は約１万２０００ha。これを様々な方策・期間でシミュレーションした上で、各種課題にどれが最も効果的かを判定する作業を繰り返し、ひとつの答えを導きました。

事業全体ビジョン

市の各セクションが同じ方向を見て、同じ温度で事業を推進するために長期ビジョンを策定し、それに譲与税の投入量などを決定していくという骨太方針を定めました。

⑴林業人を育成する

森林経営管理制度にかかわらず、秋田スギを後世に引き継ぎ、また、林業の継続的成長産業化のため、地域産業として確立していくために人を育てていく道を選択しました。期待される効果として、

①積極的な森林経営管理制度推進
②成長産業化の促進
③雇用創出

などを挙げています。

林業経営と同じく人を育てることも時間の掛かることですが、あえてここでは林業人の定義として「知識だけではだめ」「現場だけでもだめ」の条件を付し、「次世代に秋田スギブランドを継承できる人」としました。このままでは秋田スギは数十年で枯渇するのが現状ですので、この別課題にも配慮ができ、かつ長い目で経営戦略を立てられる人物像が理想で、こういう人を市の内部に作ろうという考えです。

開始から数年は我慢が続くことは承知です。しかしながら軌道に乗れば前述に挙げた課題の解決に導くことができ、継続的に林業の発展等が考えられるようになり、市の森林全体を総合

的に安定的に持続可能な森林経営※ができるようになることを期待しています。

※注：持続可能な森林経営とは、「森林からの恩恵を将来の世代が損なうことなく享受できるように伝えていくこと」という森林原則声明「Ⅱ原則／要素２⒝」趣旨

⑵自前でやる

「やれることは自前でやる！」これは林業人を育成することにもつながりますが、期待される効果として①森林所有者の把握、②現場判断力を高める、③コストパフォーマンスを意識するなどを挙げています。

①としては、現在、林地台帳システムが稼働し、その情報更新や正確性向上なども手掛けています。森林経営管理制度推進業務を自前で行うことにより、これらの精度が向上することはもちろんのこと、「人を覚える」ことはその他の業務においても有効なことだと思います。また田舎の地方都市では大きな武器となることは間違いないでしょう。

②としては、森林経営管理業の１つに「経営に適しているか否かの判断」がありますが、これは机上だけでの判断ではいきません。また、境界立ち会いも林分を見極めたりすることもあり、作業道でもルート選定などで現場をベースに判断することが多くあることから、森林経営

管理事業推進において非常に大きなウエートを占める能力といえます。

③としては、森林所有者への収益の還元（受益権）や成長産業化を考えた場合、その始めはコストパフォーマンスです。その判断には現場情報が必要であり、また、市場相場や事業単価などの情報も必要でしょう。これらを総合的に考え、まとめる能力を得るには、各種研修等へ出向きスキルアップを図るほかありません。

(3) 20年1サイクル

林野庁から一般的な例として「おおよそ15年で森林経営管理権集積計画（以下「集積計画」）を策定」と示されていました。当初は同様に検証を始めるも、地区割り（旧市町村単位や大字単位）のどのパターンもしっくりこず、譲与税の試算が出ると、市町村森林経営管理事業になった場合の間伐事業費の算出などでさらに混迷を極めました。

譲与税額から雇用などの費用を引き、残額で現在の間伐事業費を行うと年間約３００haほどが可能で、当市の意向調査対象森林（約1万２０００ha）のうち、市町村森林経営管理事業となるのは林野庁の見込みの50%程度だとすると６０００haとなります。これを年間可能事業量３００haで割ると20年ということになり、地区割りも納得のいくものになったのがこれを決めた経緯です。

１地区20年での集積計画という考えは珍しいことかもしれませんが、コストパフォーマンスを考えても大きな面的な集約・施業が効果的であり、同地区内の経営管理権の終期を同じにするのは有効だと考えます。また、20年あれば１回は収益の出る施業ができることから、間伐事業費の軽減などにもつながることでしょう。

(4) 集約・団地化で効率の良い施業

森林経営管理事業において、市町村が仲介役となり面的な集約化を図り、意欲と能力のある林業経営体に委任するのも特徴の１つです。面積が大きくまとまっていれば、作業道や機械搬入、木材運搬など効率的に行うことができ、それによって森林所有者の収益が上がるのは言うまでもありません。

この考えのもと、森林経営管理事業と大館市有林事業をマッチングさせ、なるべく大きな団地形成を目指すことにしました。財布の違いだけで、出ていく中身は抑制できるので、双方にとって有益であり、経営体も損することはありません。今後はこの考えを国有林にも適用できないか検討することも考えています。

事業推進ビジョン

「事業推進ビジョンを具現化するためにはどうすればよいのか？」という検討を重ね、出した答えが「新たな組織の設立」でした。「森林組合に全部お願いしたい。するしかない」と考えていたビジョン設計当時から1年後に導きだした答えで、市職員として腹をくった瞬間でもあります。定期異動もなく、林政を専門に考えるプロ集団を作ってしまえという発想で、これが叶えば市の林業課題の解決や新たに始まった当制度の推進も何とかなるという思いで計画の策定作業に入りました。（事業スキームは譲与税の増額に合わせてステップアップさせ、達成目標を２０２９（令和11）年4月1日に設定しています。）

令和元年度〜3年度「（仮称）大館市森林整備公社設立準備」

・専門職員の雇用（技術・事務）
・専門職員の研修（林野庁・秋田県研修）
・意向調査推進業務
●設立形態の検討

●定款や規約・規定等の策定準備

令和４年度〜６年度「(仮称) 大館市森林整備公社設立」

・専門職員の雇用増員（技術・事務）
・専門職員の研修（林野庁・秋田県研修）
・意向調査推進業務
・林業成長産業化協議会事務局機能の段階移行

●設立総会

●広域化の検討（メリット・デメリットの洗い出し等）

令和７年度〜10年度「森林整備公社広域化協議会設立」

・専門職員の雇用増員（技術・事務）
・専門職員の研修（林野庁・秋田県研修）
・意向調査推進業務
・林業成長産業化協議会事務局機能開始

表１　１地区の事業スキーム（2019（平成31）年度）

●１地区の事業スキーム	
９月	翌年度意向調査地区の決定（５年間分の中からの詳細決定）
１０月	翌年度予算編成
２０１９年	
１月	意向調査対象確定（人・土地）
２月	４月号広報誌作成（意向調査実施箇所）
３月	意向調査票作成業務
４月	市長定例記者会見（意向調査実施箇所公表、広報誌全世帯全戸配布）
５月	意向調査実施（回答期限１カ月）
６月	意向調査票集計分析業務
７月	集積計画策定協議（森林所有者との話し合い）
８月	第２回意向調査票配布（宛所不明・所有者不一致など探索業務完了者）
９月	集積計画策定・翌月公告
１０月	プロポーザル募集・現地説明会
１１月	プロポーザル選定委員会
１２月	実施権配分計画策定・翌月公告
２０２０年	
１月	市町村森林経営管理事業間伐業務委託（翌年度～３カ年以内で実施）

●事務事業すり合わせ

●事業所位置等の検討

令和11年４月１日「大館北秋田森林整備公社設立」

・大館市、北秋田市、上小阿仁村の２市１村地域が対象

・森林経営管理事業の積極的推進

・林業成長産業化事業の成果を生かした事業展開

・林業専門職や担い手の育成

●秋田スギブランドを守り、持続可能な森林経営へ

ビジョンスタートから見えてきた新たな課題

２０１９（平成31）年４月１日から４名の新規雇用者（うち１名は地域林政アドバイザー）を迎え、森林経営管理制度への対応が始まりましたが、これまで決して平坦な道のりではありませんでした。新規雇用者の職務環境整備や制度等のレクチャー、市民への制度周知、意向調査地区の選定など山ほどの業務が待ち構える中、私を含め全て素人がそれを行っていかなければならないと考えると、大事になるのは仕事の仕方と進め方です。

①一人のわからないは全員で共有し、知の集積をする。
②新たに得た情報は全員で共有し、見える化する。
③外勤務（訪問や調査）は必ず２人で行き、相互確認を徹底する。
④疑問があったら、電話や訪問などで市民と接する機会を作る。

これらの方針をみなさんにお願いし各種業務（表１）をスタートさせ、これまでに意向調査計画策定（５カ年分）、市広報への掲載（制度周知２回、うち１回はカラー２頁の特集／写真１）、市民対象の座談会（制度周知、全12公民館で開催／写真２）、２０１９年度意向調査地区の選

写真1　市広報への掲載

定と対象森林の決定（2地区419ha）、意向調査票発送と意向調査対象地区説明会、意向調査票回収と分析、経営管理権集積計画素案の作成などを行ってきました。

これらの業務推進において新たに見えた課題は大きく2つで、すぐに取り組めるものと翌年度以降への課題として持ち越すものを分け解決に向けて対応することにしています。

①予想をはるかに超える量の「相続未登記」

何かしらの疑義があるもの（以下「状況不一致」）は徹底的な探索を行うスタイルとしたため、意向調査対象者172人のうち問題なく調査票を送付できたのは88人（約50％）

→意向調査対象森林決定後の探索期間の確保

写真２　座談会の様子

②施業情報の更新不足

状況不一致への対応や意向調査票の回答分析の中で、主伐後の未立木地が数件確認された。

↓伐採造林届や森林の土地の所有者届など各種届出制度のＰＲと林地台帳掲載のリアルタイムレスポンス化

大館市の森林経営管理事業の展望

経営に適している森林の判断など自分たちのスキルアップをやらなければ解決しないものや、大きな集約・団地化など森林所有者との協力関係を構築しなければならないもの、新たな組織の広域化に向けての関係各所への理解と協力依頼など、まだまだ越えなければならない壁がたくさんあることは承知しています。しかしながら、これらを憂慮して立ち止まっている時間もありません。

当市は、今後未着手業務の「経営管理権集積計画策定」や「経営管理権実施配分計画策定」に取り掛かり、ようやく制度設立の最大目標と考える『未整備森林の施業』にたどり着きます。1年でも1カ月でも1週間でも1日でも取り組むのが早ければ成果が出るのもその分早くなることを信じ、いろいろな壁にぶつかりながら乗り越え成長し、この森林経営管理制度・森林環境譲与税の恩恵を市民の皆さまが享受できるよう邁進してまいります。

埼玉県秩父地域
全国初の経営管理権設定
秩父地域の新たな森林産業育成に向けて

埼玉県秩父市環境部技監（森林総合監理士）
大澤　太郎

取り組み背景と経緯

温室効果ガスの削減、災害防止を図るための安定的な地方財源の確保のため、２０１９（平成31）年４月から森林環境譲与税制度ならびに森林経営管理制度が施行され、市町村が中心となって、手入れの遅れた私有林人工林の森林整備を実施することが求められることとなりました。

秩父地域の森林率は85％を超え、荒川上流に位置し、県内森林の６割を占めていることから、両制度の円滑な運用が求められています。また、秩父地域1市4町の市町有人工林は1677haですが、私有林人工林は2万733haにのぼり、市町の守備範囲が一気に10倍以上に膨らむこととなります。

一方で、秩父市には森づくり課があり、課長以下6名体制（プラスして後述する、地域林政アドバイザー1名、市有林で自伐型林業を実践する地域おこし協力隊2名）で林業行政に取り組んでいますが、横瀬町、皆野町、長瀞町、小鹿野町には林業専門の課がなく、林業担当職員は他の業務との兼務で、各町単独で新たな制度を運用することが困難な状況でした。

このため、制度が始まる前年の7月に久喜邦康秩父市長から、森林の集約化は1市4町で連携して実施するよう提案がなされ、4町長も協調姿勢を示していただき、秩父地域では1市4町が連携して両制度に取り組む方向で準備を進めることとなりました。

準備状況

連携の形については、秩父市に4町の職員を出向させる、秩父広域市町村圏組合に森林局を新設して１市４町から職員を派遣させるなどの案も出ましたが、いずれも４町の負担が大きいことから実現には至りませんでした。そこで、秩父地域森林林業活性化協議会の枠組みを活用する方向で話が進みました。

秩父地域１市４町では、２００９（平成21）年に地方自治法第96条第２項に基づき「ちちぶ定住自立圏構想」を立ち上げ、その下でこれまで医療、産業振興、公共交通など様々な分野の事業を展開してきています。その一分野として２０１２（平成24）年に「秩父地域森林林業活性化協議会」が設立され、ホームページ「森の活人《かつじん》」の運用や新たな森林産業を育成する補助事業、木の駅プロジェクトなどの事業を実施してきました。この間の１市４町の連携の実績が、その後の準備をスムーズに進められた１つの要因だと考えています。

今回、協議会の下部組織に新たに「集約化分科会」を設置し、１市４町に譲与される森林環境譲与税を拠出して運営することとしました。集約化分科会のメンバーは県の出先機関である埼玉県秩父農林振興センター、１市４町、秩父広域森林組合、秩父木材協同組合、秩父地域コンパクト林業推進協議会と県の認定事業体に幅広くお声がけし、結果としてオール秩父の体制で、２０１８（平成30）年11月16日に設立準備会を開催し、翌年４月１日に正式に発足しました（図１）。

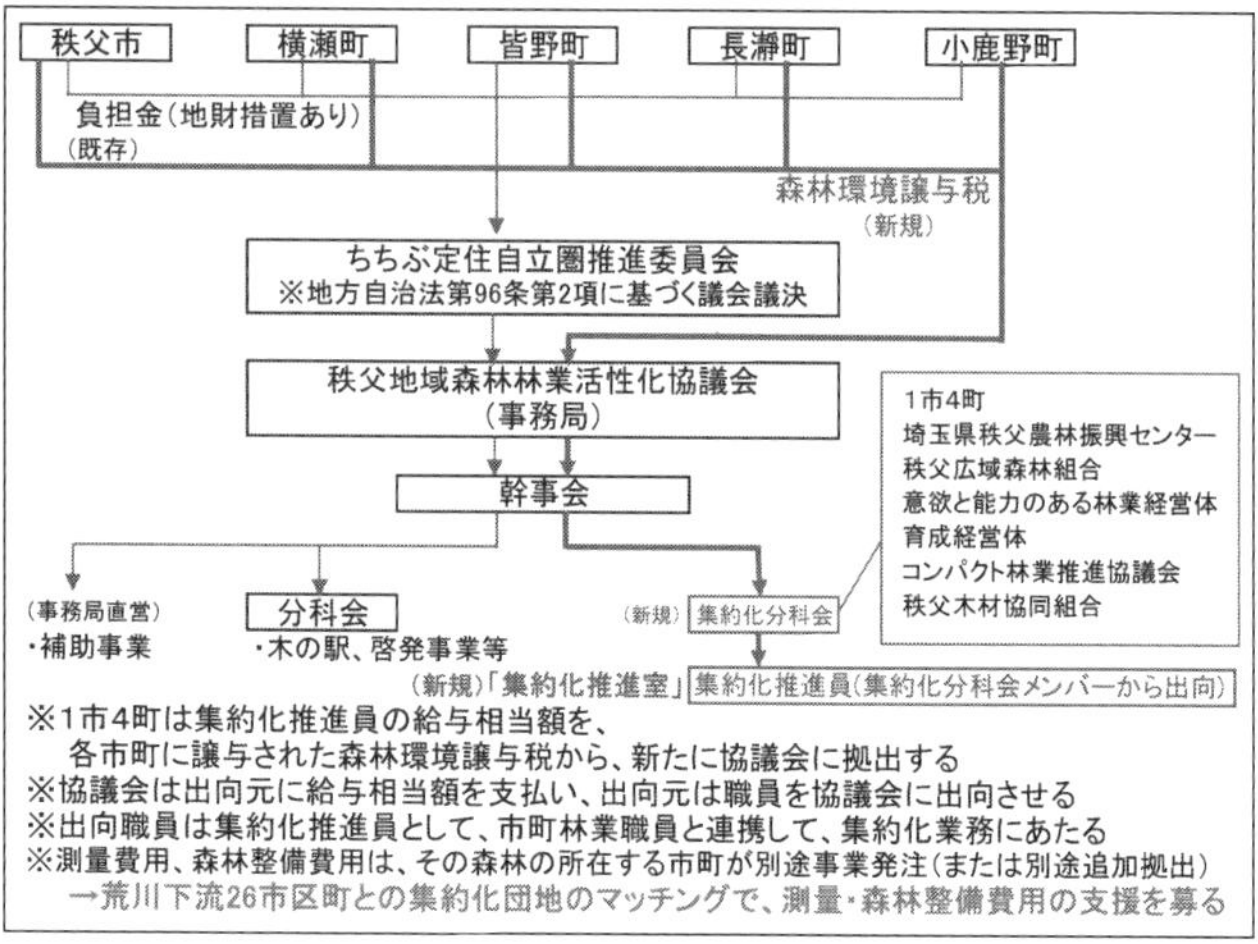

図1　1市4町の連携図

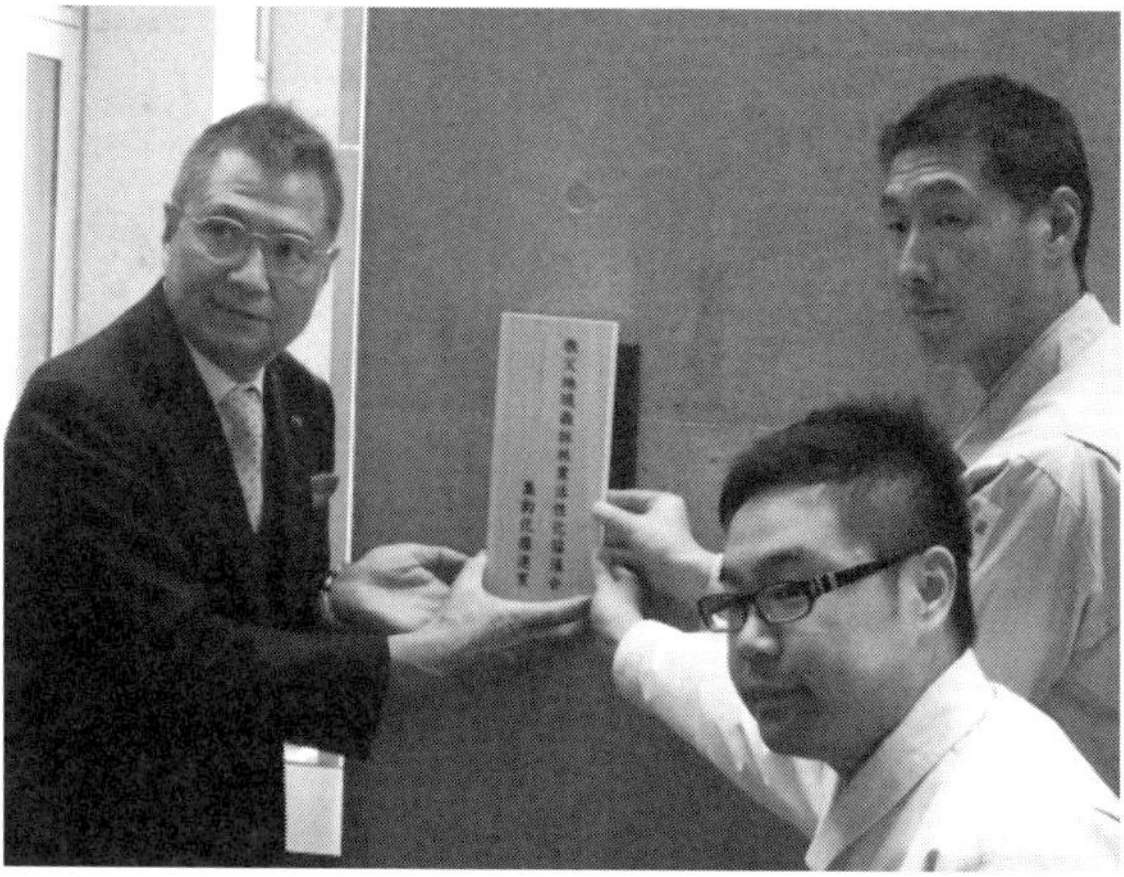

写真1　集約化推進室開所式

さらに、集約化分科会のメンバーの中から、森林施業プランナー有資格者2人（森林組合から1人、民間事業体から1人）に「集約化推進員」として協議会に出向していただき、その活動拠点として秩父市役所内に「集約化推進室」を設置し、4月1日の開所に至りました（写真1）。

意向調査の実施

2019（平成31）年4月1日からすぐ意向調査に取り組めるよう、前年の11月以降、県の森林総合監理士と集約化推進員、1市4町の職員で準備を重ねてきました。

具体的にはまず、意向調査の実施区域を市町村森林整備計画で定めている森林法施行規則第33条1号ロの規定に基づく区域、いわゆる森林経営計画の区域計画を作成できる区域としました。この区域が1市4町で46区域あるため、1年に1市4町で1区域ずつ計5区域の意向調査を実施すれば、9年で1市4町のすべての民有林区域の意向調査を完了できる計算となります。その後、各市町ごとにどの区域から意向調査を実施するか優先順位を検討し、9年間の全体計画を作成しました。ちなみに初年度の区域は秩父市、小鹿野町は地籍調査済みの区域、横瀬町、長瀞町は市街地から見える森林整備のＰＲ効果が高い区域、皆野町は人工林資源の豊富な区域と、各市町の独自性が見られます。

次に、集約化推進室に１市４町から森林簿、林地台帳を提供し、県から過去10年間の施業履歴データを提供いただき、意向調査の準備を整え、４月１日を迎えることができました。

４月１日以降、推進員が中心となり１市４町５区域の森林簿と林地台帳、施業履歴を突合して、過去10年間の施業履歴のない私有林人工林を絞り込み、意向調査発送者名簿を作りました。同時並行で意向調査の文案を推進員と１市４町の職員でやり取りして仕上げました。そして、４月22日の秩父市を皮切りに、対象面積２１４２・37ha、対象森林所有者１０６５名に意向調査票を発送しました。

現時点で回答数６４５名で回答率60・６％となっています。このうち市町に経営管理を委託したいと回答された所有者は４０２人で、面積は５８１・08haとなりました。県の統計によると秩父地域の年間の間伐面積は約２６５haで、実に２年分を上回る間伐対象森林が浮かび上がったことになります。

その後、推進員が１／５０００の森林計画図に回答を色分けして色塗りした図面を作成、各市町職員と打ち合わせ、現地踏査を踏まえ、現在、経営管理権集積計画の作成候補地を検討しています。

秩父市では、現在、意向調査区域の中で、特に市に委託を希望する回答が多かった１つの林班（集積計画3号地）に絞って、筆界点番号図、所有者情報、登記事項要約書、公図を取り寄せ、集積計画作成に必要なデータが揃いつつあります。今後詳細を詰め、２０２０（令和２）年の集積計画の公告を目指しています。

モデル団地の設定

２０１９（平成31）年4月1日以降、秩父市では、意向調査と並行してモデル団地の設定に取り組みました。前年度に、地域林政アドバイザーによる新制度の説明を兼ねた林業相談会を4回開催し、窓口相談も含めて十数人の相談を受けました。その中で秩父市に経営管理を委託したいとの意向を示された所有者2名に、4月1日以降、制度が施行されたこと、申し出制度があることを説明してご理解いただき、2件の経営管理権集積計画（集積計画1、2号地）を作成、同意をいただきました。

写真２　経営管理権集積計画１号地

6月10日付で2件の経営管理権集積計画の公告を行い、7月1日付けで経営管理権が設定されました。結果的に「全国で初めて」との冠を頂き、新聞等にも多く取り上げていただきました。（写真2、写真3）

2件の集積計画のうち1件は林業経営に適した団地（集積計画1号地）、もう1件は林業経営に適さない団地（集積計画2号地）とし、集積計画2号地については、7月8日に境界測量、プロット調査の委託業務を発注しました。今後、その成果をもとに、年内に森林整備（伐り捨て間伐）を発注し、年度内には森林整備を完了する予定としています。集積計画1号地は、現在県が公募している「意欲と能力のある林業経営者」が登録・公表され次第、再委託の公募をか

写真３　経営管理権集積計画２号地

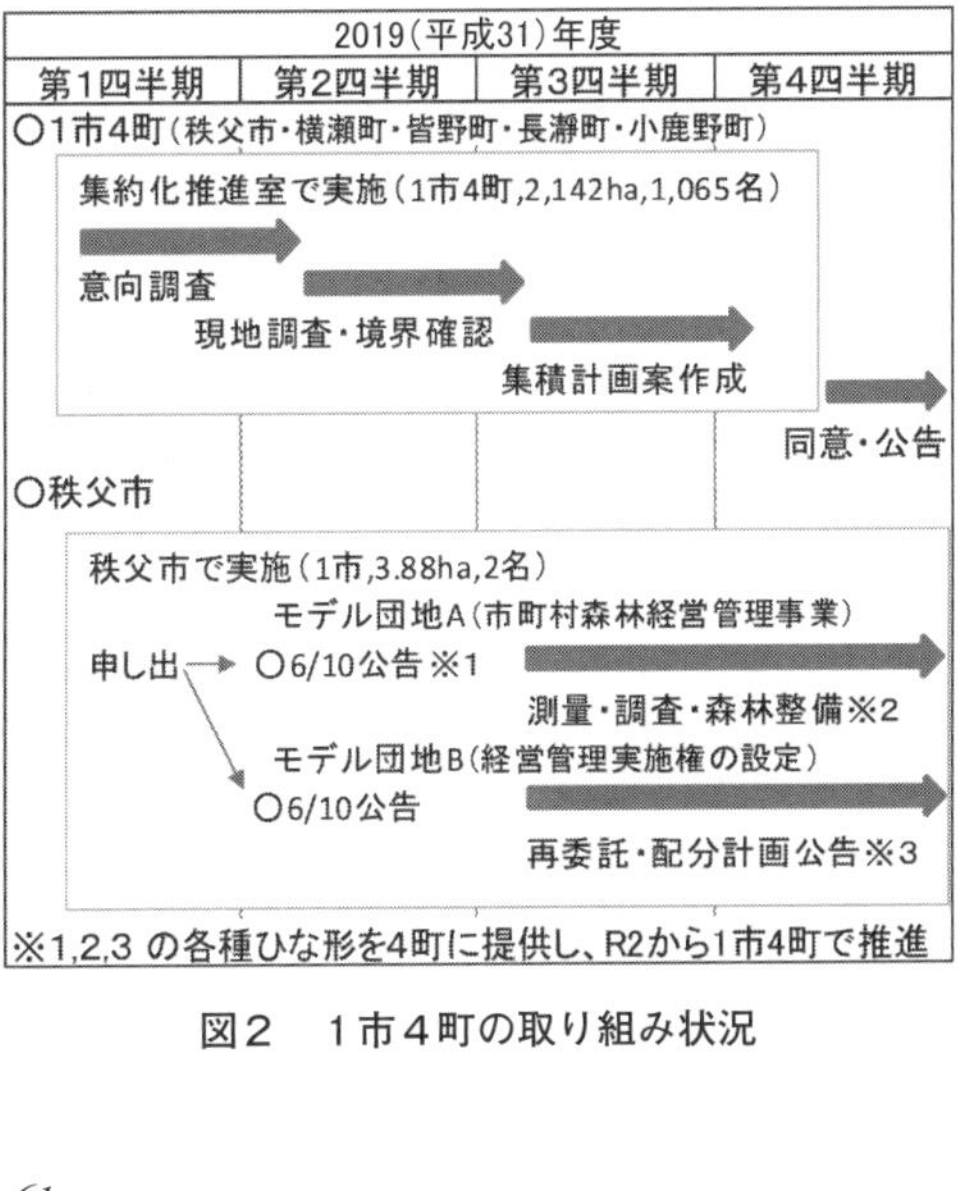

図２　１市４町の取り組み状況

け、年度内に経営管理実施権配分計画の公告まで進めたいと考えています。

以上2件のモデル団地により、経営管理権集積計画、同公告、市町村直接管理事業（境界測量、森林整備）、意欲と能力のある林業経営者への再委託にかかる事業体選定、経営管理実施権配分計画、同公告等の各種ひな形ができますので、これを4町と情報共有することによって、令和2年度からは1市4町で制度の本格運用ができるものと考えています（図2）。

集積計画3号地

2019（令和元）年11月11日現在、集積計画3号地は、秩父市大滝大輪外団地で森林所有者5名、面積14・4haの団地となります。推進員がまとめてくれたデータをもとに集積計画を作成し、10月下旬に森林所有者を個別訪問して同意を得ました。

集積計画3号地は、6月10日に全国初の公告を行った後、40を超える関係者（都道府県、市町村、森林組合等）から問合せをいただき、様々な示唆をいただいた点を修正し、1、2号地よりもより良い計画を作成することができたと考えています。

今後、２０２０（令和２）年２月３日に公告、２月10日に経営管理権設定のスケジュールで、他の４町にも足並みをそろえていただき、１市４町でそれぞれ１団地の集積計画が作成・公告できるよう進めています。

集積計画1、2号地

埼玉県では２０１９（令和元）年10月21日付で、意欲と能力のある林業経営体、育成経営体が登録、公表されました。これを受けて林業経営に適した1号地について、11月１日付けで意欲と能力のある林業経営体への再委託の公募を開始しました。今後複数の企画提案が提出されれば、12月に審査会を開催して再委託先を決定する予定です。さらに年明けには経営管理実施権配分計画を作成・公告し、年度内に再委託したいと考えています。

また、林業経営に適さない2号地については、11月1日付で森林整備（伐り捨て間伐）業務委託の指名通知を発送しました。今後、委託業者が決定すれば、２０２０（令和2年）年２月末の工期で森林整備業務委託契約を締結する予定です。

1市4町共有のひな形

以上の取り組みにより、秩父市には森林経営管理制度に係る各種ひな形が出来上がります（表1）。このひな形を4町と共有することによって、2020（令和2）年度から1市4町で森林経営管理制度に基づく森林整備を本格化することができると考えています。

この間、県職員、推進員、1市4町職員で何度

表1　1市4町共有のひな形

○経営管理権集積計画関連		
	①	所有山林に関する経営管理意向調査票
	②	経営管理権集積計画作成申出書
	③	経営管理権集積計画
	④	同計画の説明を受けた確認書
	⑤	同計画を定めた際の公告
○市町村森林経営管理事業関連		
	⑥	測量・資源調査業務委託設計書
	⑦	同特記仕様書
	⑧	森林整備業務委託設計書
	⑨	同特記仕様書
○経営管理実施権配分計画関連		
	⑩	民間事業者選定要領
	⑪	民間事業者選定委員会要綱
	⑫	民間事業者選定にかかる通知書
	⑬	民間事業者からの提案書
	⑭	選定結果にかかる通知書
	⑮	選定結果にかかる公告
	⑯	経営管理実施権配分計画
	⑰	同計画を定めた際の公告
○国・県への報告関連		
	⑱	報告その1（意向調査取りまとめ：1～2）
	⑲	報告その2（経営管理権集積計画外：3～10）

となく打ち合わせ、現地踏査を行い、連携が深まるとともに、市町職員の林業行政に対する認識が確実に深まったものと思います。

秩父市の取り組み

私事ですが、私は埼玉県の林業職で、2018（平成30）年4月から秩父市に出向しています。その使命は、①林業振興、森林整備及び木材利用等に関する業務を充実させるための職務、②市職員の林業技術向上のための育成指導に関する職務の2点です。秩父市は森づくり課を組織後、2012（平成24）年度から県職員を受け入れ、私で4人目となります。

この間、課業務の充実、課職員の技術向上が着実に図られ、成長した職員が順次、他課に異動していますが、将来職位を上げて森づくり課に戻ってくる循環ができれば、秩父市の林業行政は県職員の出向が終了してもうまく回っていくものと確信しています。

秩父市ではさらに人員を拡充しており、2018（平成30）年度から地域林政アドバイザーと地域おこし協力隊を1名ずつ雇用し、2019（平成31）年度から地域おこし協力隊を1名増員しています。地域林政アドバイザーには3総合支所を回っていただき、支所林業担当職員へのアドバイスを中心に活動してもらっています。地域おこし協力隊には、3年間の任期中に市有林をフィールドにコンパクト（自伐型）林業を実践してもらい、任期終了後には独立して秩父地域に定住してもらい、後述する小さな団地の担い手に育ってもらいたいと期待しています。

このように林業行政を拡充してきた秩父市の動きに、森林環境譲与税制度ならびに森林経営管理制度の施行が重なり、現時点での秩父市の取り組みにつながっていると考えています。

今後の展開と未来予想図

ここで秩父地域における林業の未来予想図をお示しします（図3）。経営管理権集積計画で大小の団地ができることを想定すると、大きな団地は森林組合や林業事業体に、小さな団地はコンパクト（自伐型）林業者に整備をお願いし、まさにパッチワークのように秩父地域の森林を紡いで頂くイメージです。このため、森林組合や事業体は今までどおり県に育成して頂き、

○森林環境譲与税満額時（令和15年度）の秩父地域の森林・林業

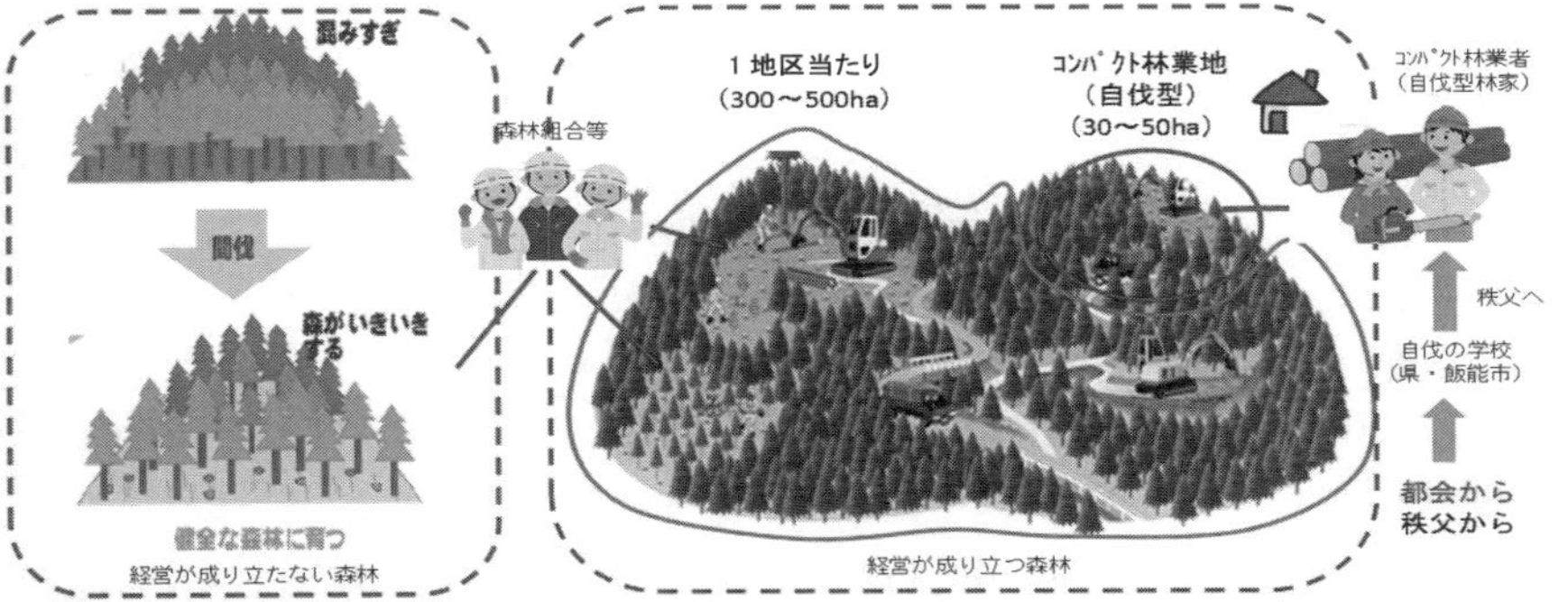

主な指標	平成29年度	令和15年度	比　較
森林整備面積（ha/年）	265	850	585ha UP
林業雇用数（人/年）	18	77	59人 UP
木材生産量（㎥/年）	7, 700	43, 400	35, 700㎥ UP

図３　秩父地域の林業未来予想図

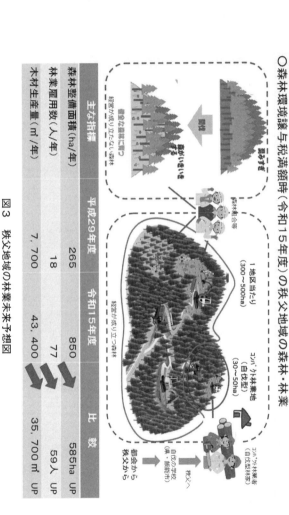

市はコンパクト林業者を育成することとし、２０１９（平成31）年1月17日の「秩父地域コンパクト林業推進協議会」の設立を支援しました。

以上、述べたような制度の運用が軌道に乗り、森林環境譲与税の譲与額が段階的に引き上げられることを加味して試算を行うと、現状で２６５haの森林整備面積が、譲与税満額時の２０３３（令和15）年度には８５０haに増加させることができます。これに伴い、林業雇用数は59人の増加、木材生産量は３万５７００㎥の増加が見込まれます。

このように森林整備が進むと、森林環境譲与税制度創設の趣旨である温室効果ガスの削減、災害防止が図られるだけでなく、移住人口増による過疎化対策、木材流通サプライチェーンの活性化による地方創生に寄与するものと考えています。

私事ですが、２０１４（平成26）年度に関東森林管理局で准フォレスター研修を受けた際、講師の方から「絵に描いた餅との批判があるが、今の林業界は絵に餅を描くことすらできないのではないか、だからそれぞれの地域のフォレスターが絵に餅を描くことから始めてください」との話をしていただいたことを思い出します。

この絵に描いた餅が、絵に描いただけで終わることなく現実のものとなるよう、今後もオール秩父で取り組んでいけるよう尽力するとともに切に願ってやみません。

謝辞

久喜邦康市長はじめ秩父市の皆様、秩父地域森林林業活性化協議会の皆さまには、県から出向してきた私を温かく迎えていただいた上で、叱咤激励、多大なるご支援・ご協力を賜り、この場をお借りしてお礼申し上げます。どうもありがとうございました。

埼玉県秩父地域

地域づくりにおける自伐(型)林業の役割と可能性
秩父地域コンパクト林業推進協議会の設立

埼玉県秩父市環境部森づくり課主任
湯本　仁亨《まさゆき》

秩父地域コンパクト林業推進協議会の設立

２０１９（平成31）年1月に「秩父地域コンパクト林業推進協議会」が設立されました。「コンパクト林業」とは自伐型林業＋αということで新たに作った言葉です。自伐型林業に秩父地域での新しい価値を加え、森林・林業の発展につなげてもらいたいという思いが込められています。新しい価値については現時点ではまだ模索中で、活動を進めていくうちに見つかると信じています。今回はこの協議会について設立の背景も含めて紹介します。

協議会設立の背景

本協議会が設立された背景には森林経営管理制度および森林環境譲与税の譲与開始があります。この制度では、森林所有者が管理できなくなった森林を市町村が預かり、再委託を含めて経営・管理をしていくこととされており、再委託できない森林については市町村自らが施業などを発注することになります。

秩父地域1市4町（秩父市、横瀬町、皆野町、長瀞町、小鹿野町）は埼玉県西部に位置し、森林面積は約7万4887haあり、埼玉県の森林の半分以上が秩父地域にあることになります。「ちちぶ定住自立圏構想」が同市町により2009（平成21）年に立ち上げられ、その下でこれまで医療、産業振興、公共交通等の共通となる事業を展開してきました。また、その枠組みを利用して「秩父地域森林林業活性化協議会」が2012（平成24）年に設立され、木材利用の推進や新たな森林産業への支援、「森の活人《かつじん》」というホームページの公開等を行っています。

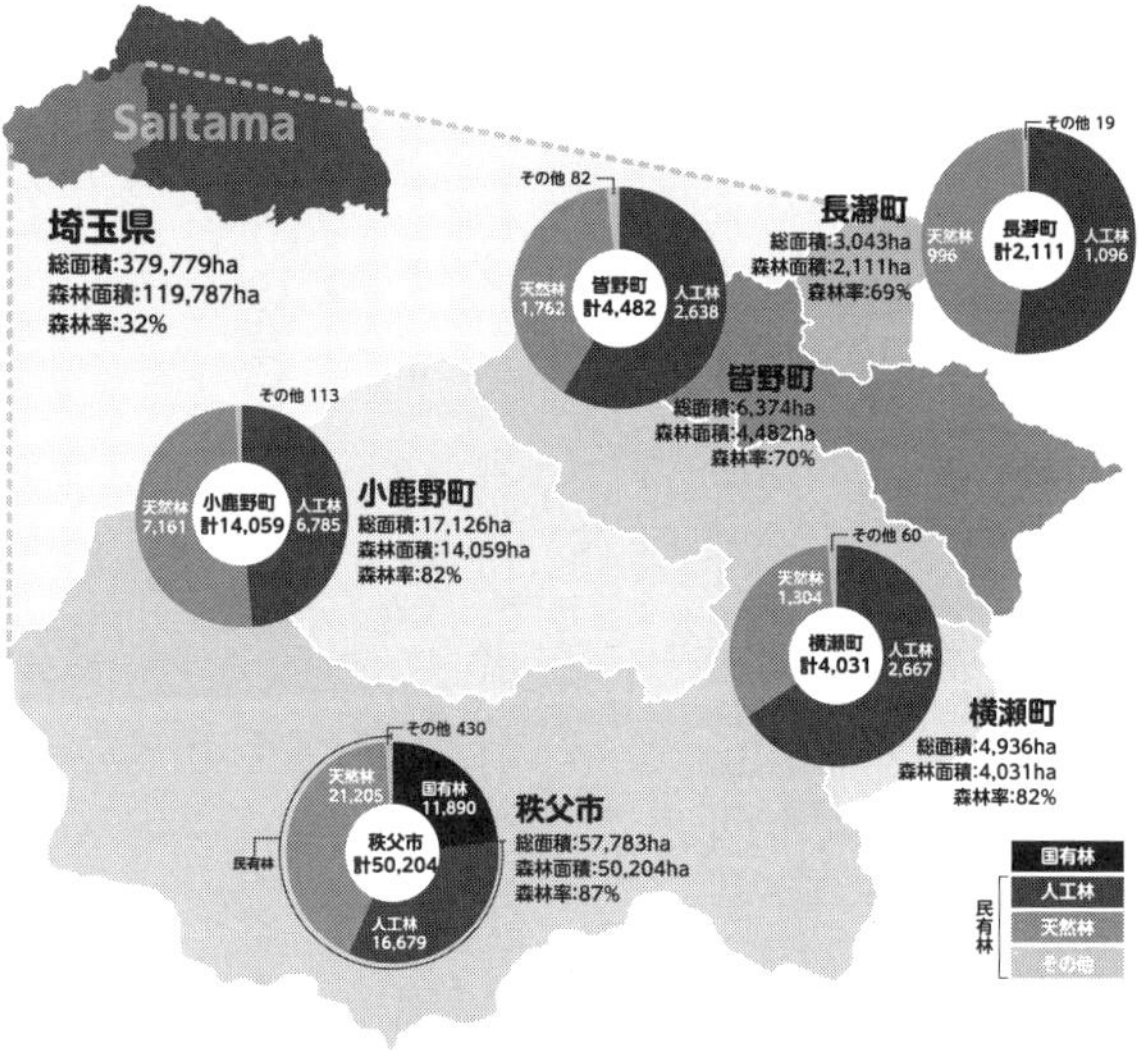

図１　秩父地域（１市４町）の森林の概要

そして、森林環境譲与税・新たな森林経営管理制度については、この活性化協議会の枠組みで1市4町が連携して取り組むこととしました。

　秩父地域の広大な森林の管理が市町に任された場合、再委託先がなければ市町が直接発注しなければならず、事務的な負担が増えるばかりです。また、現状でも林業の担い手が不足しており、今後の事業量の増加を見越した担い手の確保も求められています。このため森林整備の受け皿となる再委託先をいかに確保するかということを考え、その答えとして協議会の立ち上げに至りました。

協議会設立の下地

ここで協議会設立までの２つの大切な事柄について触れたいと思います。

１つ目は、岡橋清隆さん（清光林業（株）相談役）、山口能邦さん（山口林業）との出会いです。

写真１　山口さんが開設した壊れにくい作業道

秩父市には１００年生をはじめとする高齢級の森が約60 ha広がる栃本市有林があり、その森を２００年生の森にすべく先進地を視察しました。視察地は奈良の清光林業で、岡橋清隆さんから壊れにくい作業道（写真１）について多くのことを教えていただくことができました。この時に岡橋さんとのつながりを作ってくださったのが、秩父市出身で岡橋さんに師事されていた山口さんでした。この山口さんが秩父に戻って来られたのが２０１８(平成30)年。ちょうど秩父市が協議会を立ち上げようとしていた年でした。

２つ目は県からの出向者の存在です。

秩父市森づくり課は課長以下４人の体制ですが、これに加えて県の林業職の方が技監として秩父市に出向し、方針の決定などに関わってくださっています。先に述べた２００年生の森づくりについても歴代の技監の力添えによるところが大きいと思います。県職員の秩父市への出向は平成24年度から行われており、現在４人目の職員の方が在籍されています。

２０１７（平成29）年度には当時の技監が、隣の市である飯能市で行われた株式会社アースカラー主催の「地球のしごと大學　自伐型林業学部」に参加し、自伐型林業の研修を受けました。その後も、担当職員である私や地域おこし協力隊員が同講座を受講し、自伐型林業への理解を深めることで共通認識が生まれ、継続的に自伐型林業を土台とするコンパクト林業のイメージが浮かび上がってきました。

このように継続的な森林管理の手法を行っている２人の林業家と歴代の県の林業職の方の存在、この両輪で秩父地域コンパクト林業推進協議会の立ち上げに至りました。

コンパクト林業従事者への期待

市では、森林経営管理制度および森林環境譲与税の譲与開始に伴い大規模（300～500ha程度）の団地は森林組合や林業事業体に、小規模（30～50ha程度）の団地はコンパクト林業者（個人でその土地を継続的に管理）にそれぞれ任せる構想を描きました（図2参照）。

森林組合や林業事業体は秩父地域には既にあり、県からの育成・指導を受けており、最もテコ入れが必要なのがコンパクト林業者の部分でした。その絵を描いた当時は、市から森林経営を任せることのできるコンパクト林業従事者は一人もいませんでした。その後、秩父に戻って来られた山口さんが市と契約のできるコンパクト林業従事者の第一号となりました。

山口さんに協議会の構想をお話しし、熱く語り合った結果、会長を引き受けてくださることとなりました。協議会の立ち上げまでは市がメインで動き、先に述べた「地球のしごと大學自伐型林業学部」の卒業生を中心に声掛けを行い、設立時には11名の方に会員となっていただくことができました。

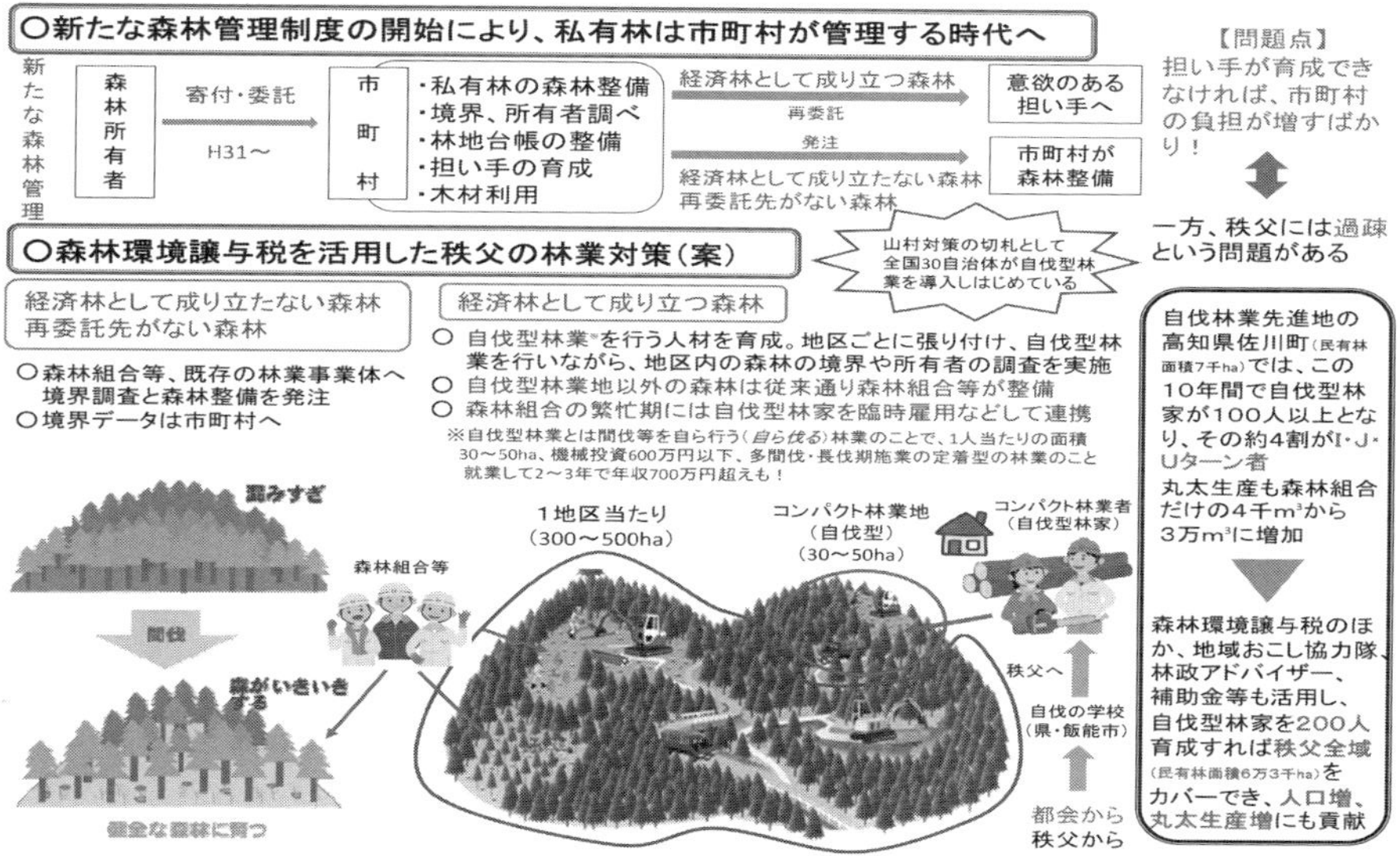
〇新たな森林管理制度の開始により、私有林は市町村が管理する時代へ
新たな森林管理
森林所有者
寄付・委託
H31～
市町村
・私有林の森林整備
・境界、所有者調べ
・林地台帳の整備
・担い手の育成
・木材利用
経済林として成り立つ森林
再委託
意欲のある担い手へ
発注
経済林として成り立たない森林
再委託先がない森林
市町村が森林整備
【問題点】
担い手が育成できなければ、市町村の負担が増すばかり！
一方、秩父には過疎という問題がある
〇森林環境譲与税を活用した秩父の林業対策（案）
山村対策の切札として全国30自治体が自伐型林業を導入しはじめている
経済林として成り立たない森林
再委託先がない森林
〇森林組合等、既存の林業事業体へ境界調査と森林整備を発注
〇境界データは市町村へ
経済林として成り立つ森林
〇 自伐型林業※を行う人材を育成。地区ごとに張り付け、自伐型林業を行いながら、地区内の森林の境界や所有者の調査を実施
〇 自伐型林業地以外の森林は従来通り森林組合等が整備
〇 森林組合の繁忙期には自伐型林家を臨時雇用などして連携
※自伐型林業とは間伐等を自ら行う（自ら伐る）林業のことで、1人当たりの面積30～50ha、機械投資600万円以下、多間伐・長伐期施業の定着型の林業のこと
就業して2～3年で年収700万円超えも！
自伐林業先進地の高知県佐川町（民有林面積7千ha）では、この10年間で自伐型林家が100人以上となり、その約4割がI・J・Uターン者
丸太生産も森林組合だけの4千m³から3万m³に増加
森林環境譲与税のほか、地域おこし協力隊、林政アドバイザー、補助金等も活用し、自伐型林家を200人育成すれば秩父全域（民有林面積6万3千ha）をカバーでき、人口増、丸太生産増にも貢献
混みすぎ
間伐
森がいきいきする
健全な森林に育つ
森林組合等
1地区当たり
（300～500ha）
コンパクト林業地
（自伐型）
（30～50ha）
コンパクト林業者
（自伐型林家）
秩父へ
自伐の学校
（県・飯能市）
都会から
秩父から

図２　コンパクト林業者の位置付け

協議会のメンバー、目的など

11名で発足した協議会ですが、ここで規約やメンバーを紹介したいと思います。

協議会の目的は次のとおりです。
①小面積、小ロット、小型機械により、山への負荷を最小限にとどめつつ、森林所有者との信頼関係構築の上、山からの恵みを享受して経済的にも自立する、小回りが利き熱意がある新たな林業モデルを「コンパクト林業」と定義する。
②秩父地域の人工林、里山を中心に、過去の林業技術を継承しつつ、新たな山守制度のモデルを目指す前項に規定するコンパクト林業を推進することを目的とする。
メンバーは「地球のしごと大學　自伐型林業学部」の卒業者を中心に、指導者的立場として林業従事者の方にも入っていただいています。

コンパクト林業推進は地域おこしにも効果を発揮します。小規模な森林を継続的に管理することにより雇用が継続的に生まれ、その地域に定着してもらえる可能性が高いからです。

設立総会の様子（写真2）は新聞などに取り上げていただき、好意的な反響もいただきました。その結果、立ち上げ時の11名に加え、新規で4名の方が入会くださり、現時点での会員数

写真２　秩父地域コンパクト林業推進協議会設立総会の様子

は15名となっています。

コンパクト林業者の育成

協議会が設立した後、初めに問題となったのがコンパクト林業者の育成をどのように行うかということでした。協議会設立時には明確な方針がなかったことから会長、副会長、監事からなる役員会を何度も行い、時には市の職員を交えて検討しました。

最終的に目指す先は、協議会の会員がコンパクト林業従事者となり、自治体などの事業を受注できる主体となることです。このためにはボランティアではなく、会員への報酬があったほうがいいのではないか、ということになりました。作業を行う会員が報酬を受ける中で作業への責任を持ち、安全でスピード感のある作業ができるようになればとの考えです。

また、経済的にも自立した団体となるため作業の委託を協議会で受け、会員から作業者を募る形で進めることになりました。

初めての作業と生じた問題

いよいよ森林所有者から依頼をいただいた作業を開始しようというときに問題が生じました。協議会で作業を受託し収入を得る場合、税金の支払いが必要になるのかということや、労災保険の適用となるのか等が確認できておらず、実際に施業を行う際の環境整備ができていなかったのです。

これらの問題に対しては、役員が地域の税務署や労働基準監督署に伺い、一つひとつ疑問点を相談しながら方針を決めました。まさに産みの苦しみでしたが、団体の立ち上げについてとても良い勉強の機会となりました。

写真３　１号地での施業の様子

このような問題を乗り越え、第1号地の施業を開始することができました（写真3）。私も伐採から搬出まで一通りの作業を経験させていただきました。伐採では、会員は主に引き手を担当し、もやい結びやロープ上げなどのなれない作業に戸惑いながら作業を行いました。その後、2カ月半程度葉枯らしの期間を設け、十分乾燥したところで枝払い、玉切り、集材、搬出の作業を行い、無事に施業を終えることができました。

また、こうした作業を行う一方で、役員会を月に1回程度行い予定の確認や会員への案内などを行いました。役員の体制が整っておらず、役割分担がうまくできていないため、今後負担をなるべく分散していくことが協議会の課題ではないかと感じています。

今後の展望

森林環境譲与税が満額譲与される予定の２０３３（令和15）年には林業事業体、自伐型林業を実践する個人事業主が増え、秩父地域の森林を適切に管理できる体制づくりが整えばと考えています。秩父地域コンパクト林業推進協議会ではコンパクト林業の実践手法だけでなく、もととなる考え方も含めて人づくりを推進していくことが期待されています。

今後新たな林業者の芽生えが起こり、適切に管理される森林が増えていくことを願って結びとさせていただきます。

岐阜県郡上市

地域の森林を一元管理する「郡上森林マネジメント協議会」の設立
―川上から川中、川下までの連携を目指して

岐阜県郡上農林事務所林業普及指導員（森林総合監理士）
和田　将也

郡上森林マネジメント協議会設立の背景

郡上市は岐阜県の中央部、清流長良川の上流部に位置し、市の面積10万3075ha、森林面積9万2418ha（森林率89・7％）と豊富な森林資源を有する市です。

地域における木材生産量は年間約11万㎥で、搬出間伐は主に森林組合が実施しており、林業事業体は主に皆伐を行っています。木材生産が活発になったきっかけは、2015（平成27）

年9月に長良川木材事業協同組合（中国木材株式会社、岐阜県森林組合連合会、郡上森林組合ほか4社で構成。以下「長良川木協」）が本格稼働を始めたことによるものです。

市内の木材については、郡上森林組合が窓口となって長良川木協へ納材することにより、郡上森林組合の林産部門の体制強化と市内の林業事業体との連携を進め、安定供給を行える体制ができつつあります。平成30年度は長良川木協の年間製材量が6・5万㎥となり、最終目標の年間10万㎥に年々近づいています。

市では、２０１４（平成26）年2月に「郡上市皆伐施業ガイドライン」を策定し、伐採前に林業普及指導員と協力して林業事業体に対してガイドラインに基づく伐採を促し、皆伐後は確実に再造林を行うよう働きかけており、林業事業体と再造林を行う森林組合の連携強化を進め、再造林率の向上を目指しています（写真1）。

さらには、これまで林業事業体どうしの情報交換がさほど活発ではなかったため、郡上農林事務所が仲介し設立した「郡上次世代の会」（林業事業体の次期経営者となる若手の会）の活動により、伐採・搬出技術やお互いの事業活動に関する情報交換を行っています。

しかしながら、市域の森林面積は広大であり管理が行き届かない森林があること、その一方で大型製材工場や市内の中小製材工場にはまだ製材加工に余力があることから、林業・木材産

写真１　郡上市皆伐施業ガイドラインに基づく皆伐事前指導

業を成長産業化させるためには、これまで以上に川上から川中、川下が連携し地域が一丸となって発展していかなければならないという共通の認識が芽生えてきました。

そこで、林業・木材産業に携わる事業者や団体が協力し合い、まずは森林整備の一層の推進を図る必要があること、そして川上から川中、川下の連携を強化するためには、新たなスキームが必要な時期を迎えているという意識が地域関係者の間で高まっていきました。

具体的には、正確な森林資源情報等の取得とその有効活用を図り、地域関係者が全体の管理コスト削減のために情報を提供し、それらを有効に使っていく仕組みを作り、その結果得られる利益を分かち合い、森林所有者の資産である

写真２　郡上森林マネジメント協議会 設立総会

立木価格の向上へつなげていくことが森林への関心を取り戻すことになると考えました。

そこで、地域の森林を中立的な立場で一元管理する任意団体「郡上森林マネジメント協議会（以下「郡上マネ協」）」の設立を目指すこととなりました。

そして、２０１８（平成30）年度に林業成長産業化地域創出モデル事業（以下「モデル事業」）が追加募集されたことから同事業にエントリーし地域選定を受け、川上から川中、川下までの地域関係者による検討を重ね、２０１９（平成31）年２月15日に郡上マネ協を設立し、同年４月から業務を開始しました（写真２、図１）。

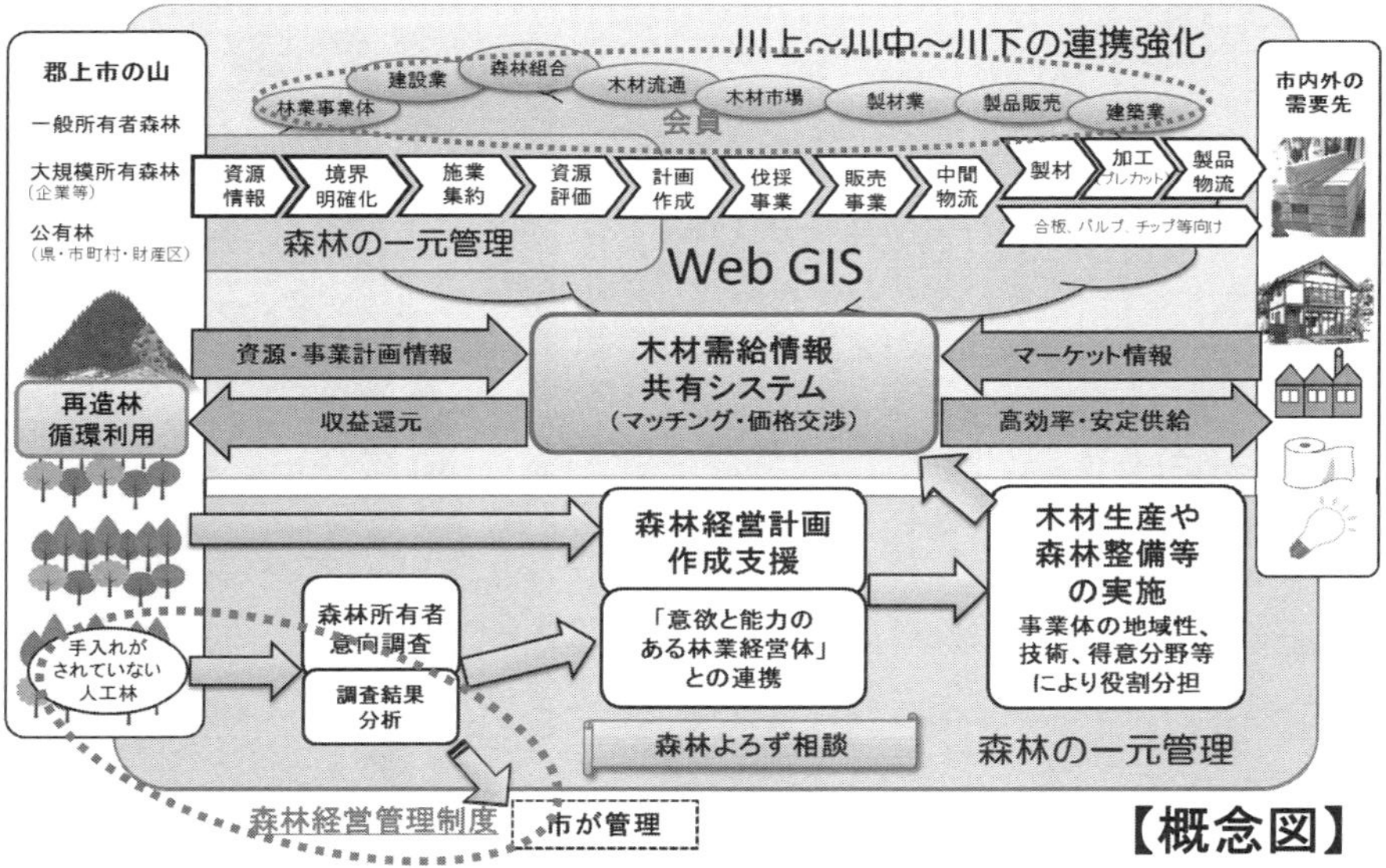

図１　モデル事業で提案した協議会の構想案

郡上森林マネジメント協議会の実施体制

郡上マネ協は、郡上地域の林業・木材産業等における7団体を会員として組織することで、郡上市内の林業事業体から製材工場、建設業者まで幅広く参画しています。

執行体制は、7団体の中から役員を選任し、アドバイザー1名（岐阜県地域森林監理士＝岐阜県独自資格。通称「民間フォレスター」）、オブザーバー（岐阜森林管理署、郡上市、岐阜県）を加え、定期的に役員会を開催し意思決定と進捗状況等の情報共有を図っています（表1）。

事務局職員は、当面の間は郡上森林組合からの出向者が担当し、表2にある7つの事業プロジェクトを進めていきます（表2）。

郡上森林マネジメント協議会が行うプロジェクト

(1)森林経営管理法に基づく森林所有者の意向調査

森林経営管理法の施行、林地台帳の運用開始、森林環境譲与税の交付が始まり、ますます市

表1　郡上森林マネジメント協議会の構成

執行体制		参加の会員（構成員）
団体名（7団体）	郡上森林組合	森林所有者　7,248名
	長良川木材事業協同組合	素材生産、流通、製材等　7事業者
	郡上森づくり協同組合	建設業　6事業者（林建協働）
	郡上製材協同組合	製材、流通、建築等　7事業者
	郡上市素材生産技術協議会	素材生産業　29事業者
	（一社）郡上建設業協会	建設業　46事業者（建設、林道・作業道）
	郡上地域木材利用推進協議会	林業、流通、製材、建築等　12事業者
アドバイザー		
	オブザーバー	林野庁中部森林管理局岐阜森林管理署
		岐阜県郡上農林事務所
		郡上市

表2　平成31年度郡上森林マネジメント協議会の事業内容一覧

No.	プロジェクト名	内　　容
1	森林経営管理制度に基づく業務	森林経営管理制度に基づく意向調査の実施
2	森林情報の管理及び共同利用の推進	高精度森林資源情報等の利活用に関する検討
3	森林境界明確化の推進	森林境界明確化の推進に資する事業の実施
4	森林経営計画の作成支援及び実行監理支援	森林経営計画の作成及び実行監理等に関する事業の検討
5	林業・木材産業の需給情報の共有ならびに活用の推進	郡上地域林業サプライチェーン（仮称）の構築に必要な機材やソフトウエアの検討等
6	郡上森林マネジメント協議会の普及啓発の推進	地域関係者に対する郡上マネ協の取り組みの説明等
7	森林に関する相談窓口の設置	森林・林業に関わる相談への対応方法の検討等
	その他目的の達成に必要な事業	生産性向上技術指導及び郡上市生産性向上実現プログラム（仮称）の実行　ほか

町村の地域森林管理に果たす役割は重要になってきました。

郡上市においては、森林経営管理法に基づき整備すべき森林の候補地を以下３つの観点から37箇所に絞り込みました（図２）。

①郡上市森林ゾーニングにおいて環境保全林であること
②森林経営計画をこれまで策定したことのない森林であること
③過去10年間森林整備の実績がないこと

２０１９（平成31）年度は、この中から主要道路や民家等に隣接している、あるいは過去に山地災害が発生したことがある箇所を２地区選定しました。意向調査に先立ち、森林所有者、林況などの基礎的な情報調査をはじめ、制度説明会を開催し（写真３）、これを受けて郡上マネ協が意向調査を行いました。

意向調査の結果では、今後の森林管理を市へ委託したいという意見が大半を占めました。次のステップとしては、市が森林の管理を請け負う際に森林整備の実施基準や対象地のプランニング、境界明確化をどうするのかを検討する必要があります。

このような取り組みは、前例のない取り組みですべてが手探りの状態ですが、郡上マネ協、県、市が連携して検討を重ねながら進めているところです。

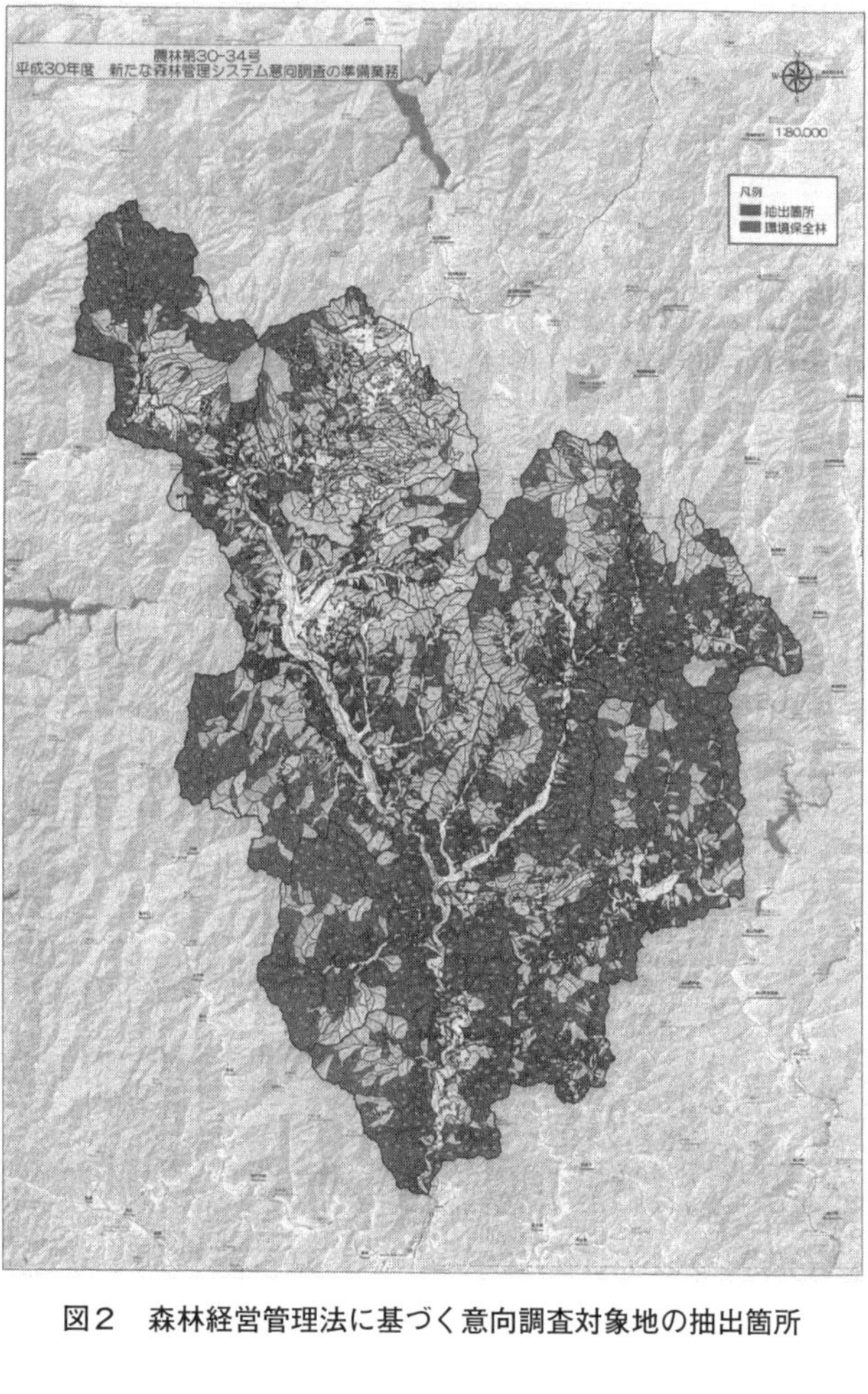

図２　森林経営管理法に基づく意向調査対象地の抽出箇所

写真３　意向調査に先がけた集落説明会。CS 立体図と災害ハザードマップを使い実施

また整備すべき森林が37箇所あり、ただちに全箇所に着手することができないため２０２０（令和２）年度以降の実施箇所については、CS立体図、傾斜区分図や過去の山地災害の発生箇所等を考慮して山地災害リスクを点数化し、客観的な基準に基づき優先順位を付けるなど、今後の取り組み方針を検討しているところです。

(2) 森林情報の管理および共同利用の推進

森林を適切に管理していくためには、正確な資源情報や境界情報が必要となります。これまでに整備したこれらに関する個別の情報については、貴重なデータではあるものの、データの共有等が図られずその活用が十分とは言い切れない状況です。また、近年は航空レーザ測量が行われており、これらの情報も森林整備に生かしていく必要があります。

そこで、郡上市では、国土地理院などから提供を受けた航空レーザ計測データを解析し、森林の蓄積分布図等の高精度森林情報の作成を進めています。これと併せて郡上マネ協がこれまでに得た資源情報や境界情報を蓄積し、「森林データバンク（仮称）」として誰もが活用できる仕組みを構築していきます。そのため、郡上マネ協では、この仕組みに関する意見集約や基本骨格の検討を進めていきます。

これにより、郡上マネ協の会員である郡上森林組合をはじめ、市内の林業事業体が高精度森林情報等を活用できるようになり、森林資源量の把握、精度の高い森林経営計画の作成と実行監理が可能になります。データの活用方法や機材の選定、これらを効果的に使う人材の育成を行う必要があるため、郡上マネ協が森林組合や林業事業体と共同でこのプロジェクトの検討を進めています。

今後、郡上市において「森林データバンク（仮称）」が構築され、郡上マネ協会員が一定のルールの下でそれを使って森林経営計画の作成と実行監理に活用することにより、森林整備を加速していくことが期待できます。

(3)森林境界明確化の推進

郡上市では、これまで森林整備地域活動支援交付金等を活用し境界明確化に取り組んできましたが、これから郡上市が森林経営管理制度の下で森林を管理していくためには、今まで以上に効率的に境界明確化に取り組んでいく必要があります。そこで、森林環境譲与税を活用して引き続き境界明確化に取り組んでいきます。

実施方法については、今までどおり森林所有者に現地で立ち会いをしてもらい境界杭を打ち明確化する方法に加え、ＩＣＴを活用し現地で撮影してきた写真や過去の空中写真を比較するなどして図上で境界を明確化するなど、まずは効率的な手法の確立が必要であり、郡上マネ協が中心になってリモート先進技術を用いた境界明確化の調査手法について勉強会を開催しているところです。

(4)森林経営計画の作成支援および実行監理支援

郡上市内の林業事業体は、国有林事業や民有林における立木買い取りにより皆伐に取り組む経営形態が大半を占めていますが、数社からは将来を考え、木材資源を将来にわたって確保するため、植栽や保育といった森林整備にも取り組みたいとの相談を受けています。

そこで、郡上マネ協では、森林経営計画の作成に取り組む意欲がある林業事業体をサポートするため、事業体の潜在的なニーズを掘り起こすためのアンケートを実施することにしました。林業事業体は、森林経営計画を作成し森林整備事業を行っていきたい意欲があっても、プランナーを確保することが難しいこともあり計画作成ができないことが多いのですが、森林経営計画の作成支援業務を開始したところ、初年度の２０１９（平成31）年度は、まだ1地区ではありますが計画作成まで至ることができました。

また、この取り組みを皆伐跡地の再造林の推進にも活用していきたいと考えています。皆伐跡地は所有界が分かりやすいことと、将来の保育事業地の確保にもつながるため、私たち林業普及指導員の普及活動と連携して計画作成支援および実行監理を進めていきます。

(5)林業・木材産業の需給情報の共有ならびに活用の推進

サプライチェーンを構築するためには、どういった体制が必要なのかという共通イメージを市内の林業・木材関係者と共有する必要があるため、２０１８（平成30）年度に先進事例の調査を行いました。この調査によりサプライチェーンには様々な形態があることが分かり、リーダーシップを発揮している者によってモノの流れや仕組みも異なることが分かりました。いずれの仕組みも共通して言えることは、供給者と需要者をジャストインタイムで繋ぐことを目的としており、これを郡上市に置き換えた場合、まず、どのような仕組みを理想とするのかを検討しなければならないと考えました。

そこで、２０１９（平成31）年度は郡上マネ協の会員である川上側の木材生産業者と川中の製材工場などの需要者に対してアンケートを実施することになりました。

しかし、サプライチェーンの理想像は理解されるものの、自社に置き換えた場合の理想像が描きづらい現状を踏まえ、各社に対するアンケートの設問設定にも苦慮しています。

実際のところ、事業規模も取引先も異なる会社が活用できる共通の仕組みを構築することは相当難しいのではないかと考えますが、林業事業体が自社の活動を進める上で管理すべき情報、収集すべき情報を整理し、共有すべき情報はどんな情報なのか、また情報収集するための機器はどんなものが最適なのかという問題意識の共有を含めて1つずつ検討し、サプライチェーンの構築を目指していきます。

(6) 郡上森林マネジメント協議会の普及啓発の推進

郡上マネ協は設立後間もないため、森林所有者や市民、地域の林業・木材産業関係者にその活動が十分に周知されているとは言えません。

そのため、郡上マネ協を組織とする林業・木材産業等7団体傘下の林業事業体、製材工場等を個別訪問と情報交換を行い、郡上マネ協の取り組みへの理解の醸成を図っています。

また、そのときどきの需要情報や需要先の動向を会員参加の各社へメール、ファックスで送信するなど、まだ2回ではありますが、入手が難しい「生きた情報」を提供しました。今後はこの取り組みに加え活動報告も併わせて発信し、郡上マネ協をアピールしていきます。

(7)森林に関する相談窓口の設置

郡上市では、2018(平成30)年9月に発生した台風により過去に例がないほどの風倒木被害に遭い、森林組合、林業事業体はもとより行政にも風倒木処理の相談が多数ありました。

郡上マネ協の役員会で業務検討を進める中、役員から郡上マネ協会員は山づくりだけでなく様々なジャンルのプロが揃っているので、対応できる専門家を選任し、会員及び市民にアピールしてはどうかとの意見が出され、各分野のプロが相談に応じられる体制を検討しているところです。

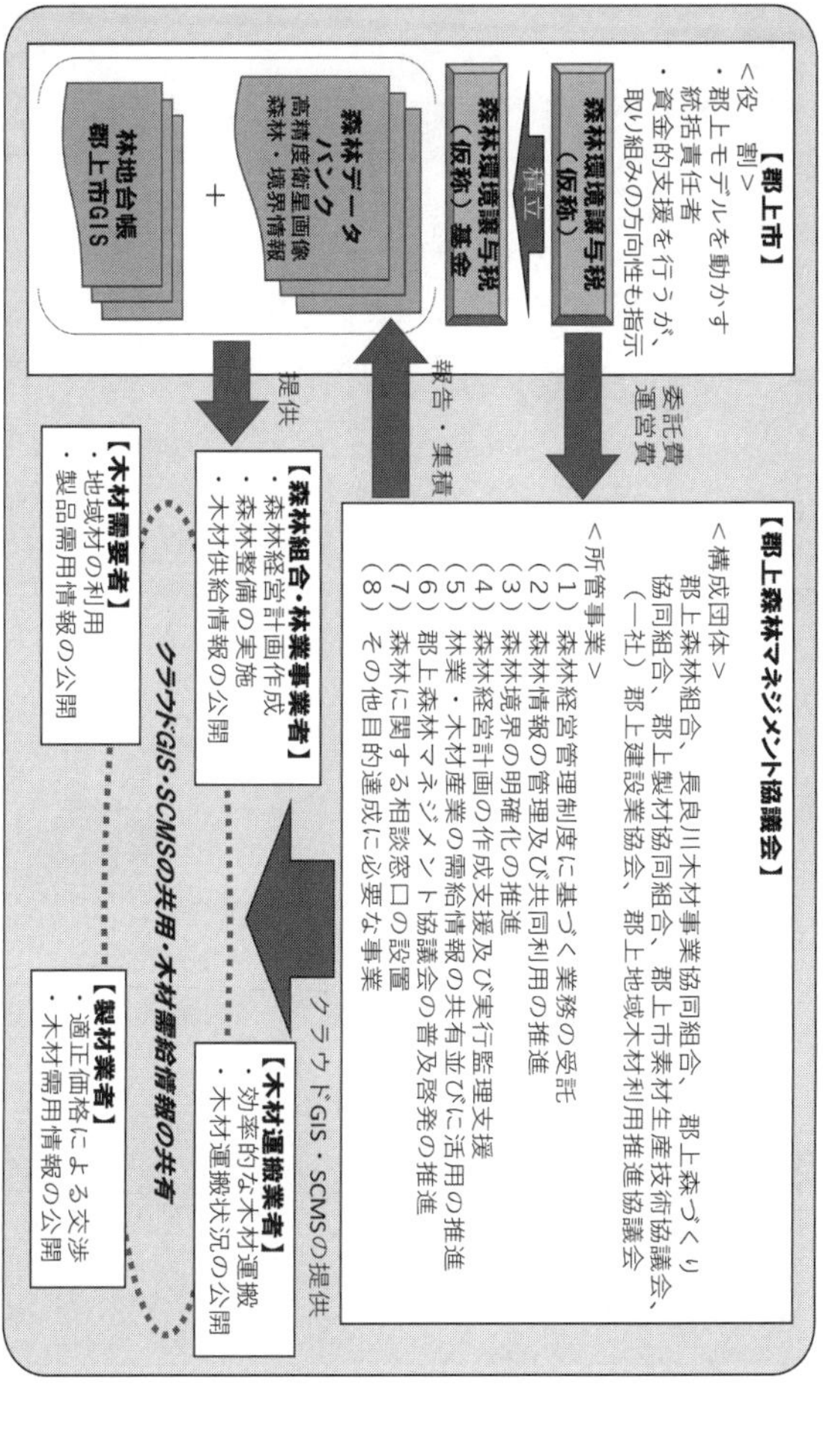

図３　新たな森林管理システム（郡上モデル）構想案

写真4　将来を見据えた森林づくり研修会（2017（平成29）年～）

写真５　森林組合と林業事業体の連携により進みつつある
主伐・再造林

郡上市はこれまで皆伐施業ガイドラインの策定や独自の森林ゾーニング、森林施業プランナーや森林技術者の資質向上を目指した将来を見据えた森林づくり研修会など、様々な取り組みを行ってきました（図３、写真４、５）。さらにこれからは、地域森林管理の主体となるべく新たなリアクションを起こしていくため、郡上マネ協の設立に至りましたが、その取り組みを進めていく中で、先進事例の収集や前例のない取り組みにおけるマニュアルや方針づくりへの協力といった、私たち林業普及指導員など県の役割も非常に大切だと感じました。

今後も地域関係者の頑張りに少しでも応えられるよう地域の森林の管理と林業・木材産業の成長産業化を目指した『郡上プロジェクト』に引き続き参画し、共に地域の将来像を考え、実現を目指していきます。

岐阜県中津川市

岐阜県中津川市の森林経営管理制度の取り組み

岐阜県中津川市農林部林業振興課総括主幹（兼）林業振興対策官
内木《ないき》　宏人

中津川市の概要と林業施策

中津川市は、岐阜県の東南端に位置し、商工業都市として成長してきたと同時に、旧郡部は「東濃ヒノキ」や優れた農産物などを産出する農林業地域でもあります。森林面積は5万4226haで約7割が民有林です。そのうち約6割が人工林でその大半はヒノキが占めています。当市の林齢の構成は、9～11齢級が大部分を占め、伐採の適齢期を迎えています。2010（平成22）年度以降、利用間伐を主に行っていますが、急峻な地形特性や厳しい気象条件等から主伐は進んでいない状況です。

当市は２００５（平成17）年度から「新中津川市総合計画・基本構想」および「新中津川市総合計画・事業推進計画」を策定、２０１２（平成24）年度には「中津川市林業振興ビジョン」を策定し、「中津川市総合計画」の構想や森林林業の取り巻く現状を鑑み、方針を示しました。

２０１９（平成31）年度の林業関連予算については森林環境譲与税分も含め２億９０００万円程度で、政策目標は当市特有の森林資源・森林文化を最大限に活用し、木材産業を活性化するとともに、重点施策である「若者の地元定着・移住促進の強化」にも取り組み、持続可能な森林づくりと木材の循環利用を推進するとしています。担当職員については、林業の振興や森林整備関係は林業振興課が担当し、森林環境譲与税が施行されることを踏まえ、２０１８（平成30）年度に1名増員し、現在6名体制です（森林土木関係は別の課が担当）。

国土保全のための森林経営

２０１８（平成30）年5月に森林経営管理法が閣議決定されたのを機に、当市は森林環境譲

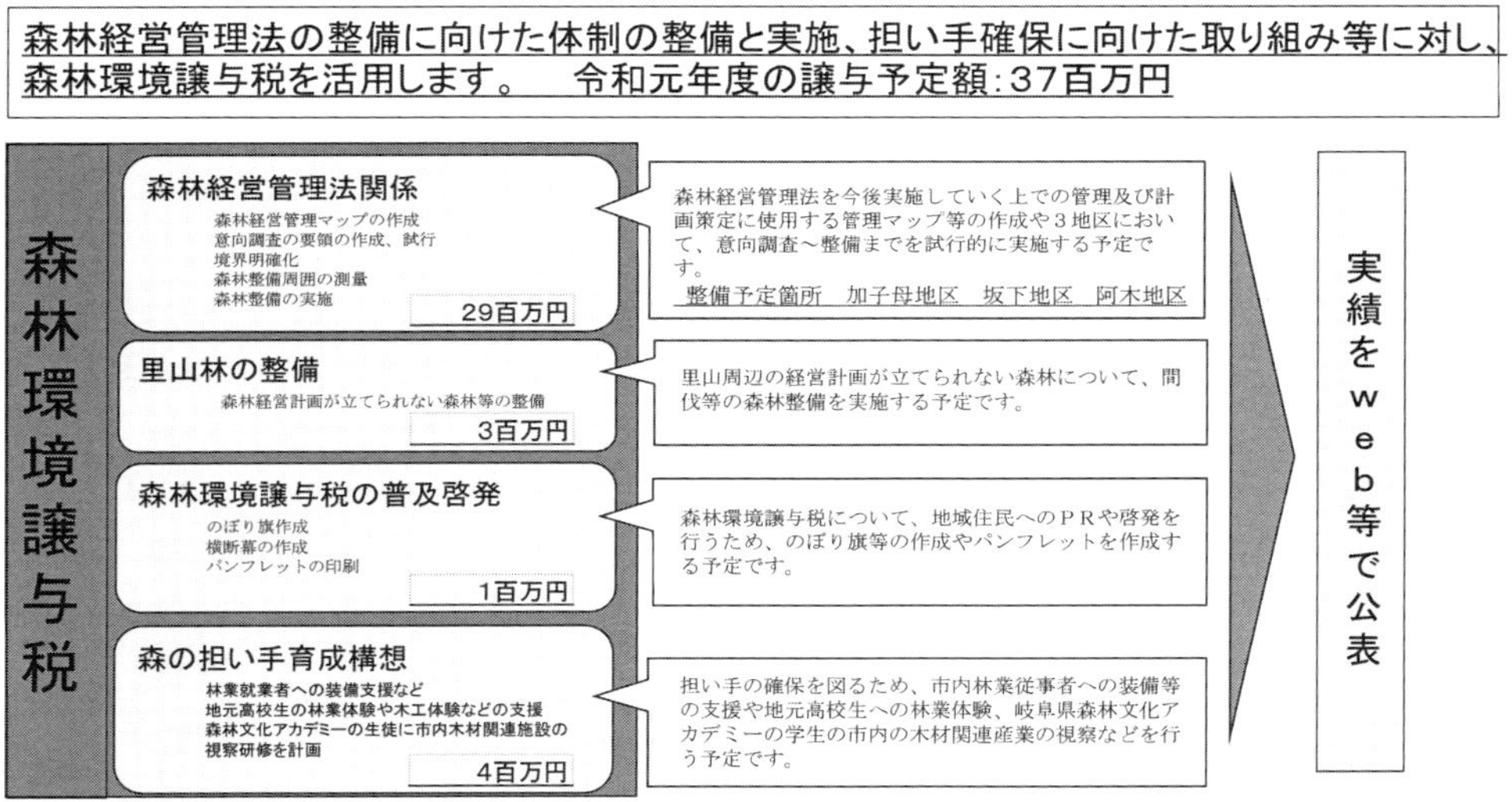
森林経営管理法の整備に向けた体制の整備と実施、担い手確保に向けた取り組み等に対し、森林環境譲与税を活用します。　令和元年度の譲与予定額：37百万円
森林環境譲与税
森林経営管理法関係
森林経営管理マップの作成
意向調査の要領の作成、試行
境界明確化
森林整備周囲の測量
森林整備の実施
29百万円
森林経営管理法を今後実施していく上での管理及び計画策定に使用する管理マップ等の作成や3地区において、意向調査～整備までを試行的に実施する予定です。
整備予定箇所　加子母地区　坂下地区　阿木地区
里山林の整備
森林経営計画が立てられない森林等の整備
3百万円
里山周辺の経営計画が立てられない森林について、間伐等の森林整備を実施する予定です。
森林環境譲与税の普及啓発
のぼり旗作成
横断幕の作成
パンフレットの印刷
1百万円
森林環境譲与税について、地域住民へのＰＲや啓発を行うため、のぼり旗等の作成やパンフレットを作成する予定です。
森の担い手育成構想
林業就業者への装備支援など
地元高校生の林業体験や木工体験などの支援
森林文化アカデミーの生徒に市内木材関連施設の視察研修を計画
4百万円
担い手の確保を図るため、市内林業従事者への装備等の支援や地元高校生への林業体験、岐阜県森林文化アカデミーの学生の市内の木材関連産業の視察などを行う予定です。
実績をweb等で公表

図１　中津川市の2019（平成31）年度森林環境譲与税の活用方針

与税・森林経営管理制度への取り組みを開始し、国の出先機関と県の出先機関の担当者も交え、勉強会を6回ほど行い現在の方針を立てました。

当市の森林環境譲与税の使途は、森林整備に8割、担い手育成等に2割あてることを基本方針とし、2019（平成31）年度の使途は図1のとおりです。なお、本年度は森林経営管理制度を進める基盤体制の整備が必要なことから、森林整備関係9割、担い手育成関係に1割の構成となっています。

森林経営管理制度に向けた取り組み方針の検討

森林経営管理制度の整備方針についてですが、森林環境譲与税の8割を森林整備に活用したとき、市内の森林をどれだけ整備できるか試算を行った結果、20年間で整備できる森林面積は、市内人工林の約1万6000haに対し、25%ほどしか整備できないことを確認しました（図2）。このことから、計画箇所の選定は、「限られた箇所への施行」、「Webでの公表」等透明性を考慮し、計画的な実施が求められると考え、当市としては森林環境譲与税の趣旨の1つである

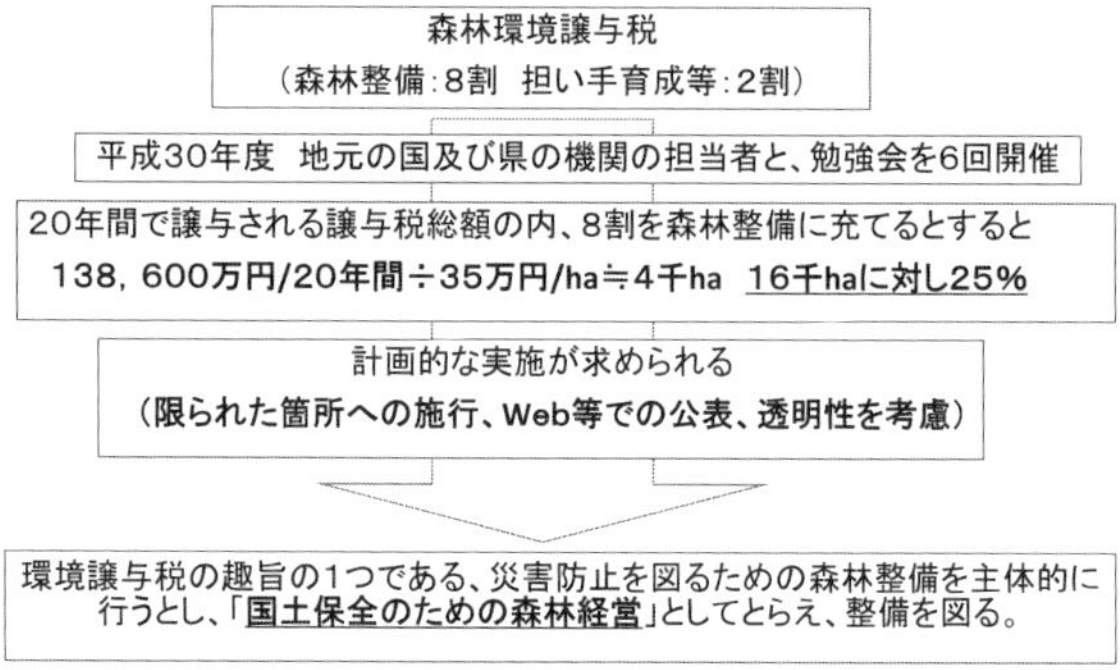
森林環境譲与税
（森林整備：8割　担い手育成等：2割）
平成30年度　地元の国及び県の機関の担当者と、勉強会を6回開催
20年間で譲与される譲与税総額の内、8割を森林整備に充てるとすると
138，600万円/20年間÷35万円/ha≒4千ha　16千haに対し25%
計画的な実施が求められる
（限られた箇所への施行、Web等での公表、透明性を考慮）
環境譲与税の趣旨の1つである、災害防止を図るための森林整備を主体的に行うとし、「国土保全のための森林経営」としてとらえ、整備を図る。

図２　森林経営管理制度の整備方針

「災害防止を図るための森林整備」を主体的に行うこととし、「国土保全のための森林経営」として考え整備を図る方針としました。

森林経営管理制度の実施体制

次に運用体制の検討を行いました。運営体制は、市の担当課（農林部林業振興課）が行い、実施計画・進捗管理は年に数回開催される林業委員会（市町村森林管理委員会）に諮問、意見聴収し、進めていくこととしました。

また履歴管理等については、市独自の林地台帳と森林経営管理マップを整備し、意向調査箇所の絞り込み、意向調査の実施、森林整備の履歴管理を行うこととしました（図3）。

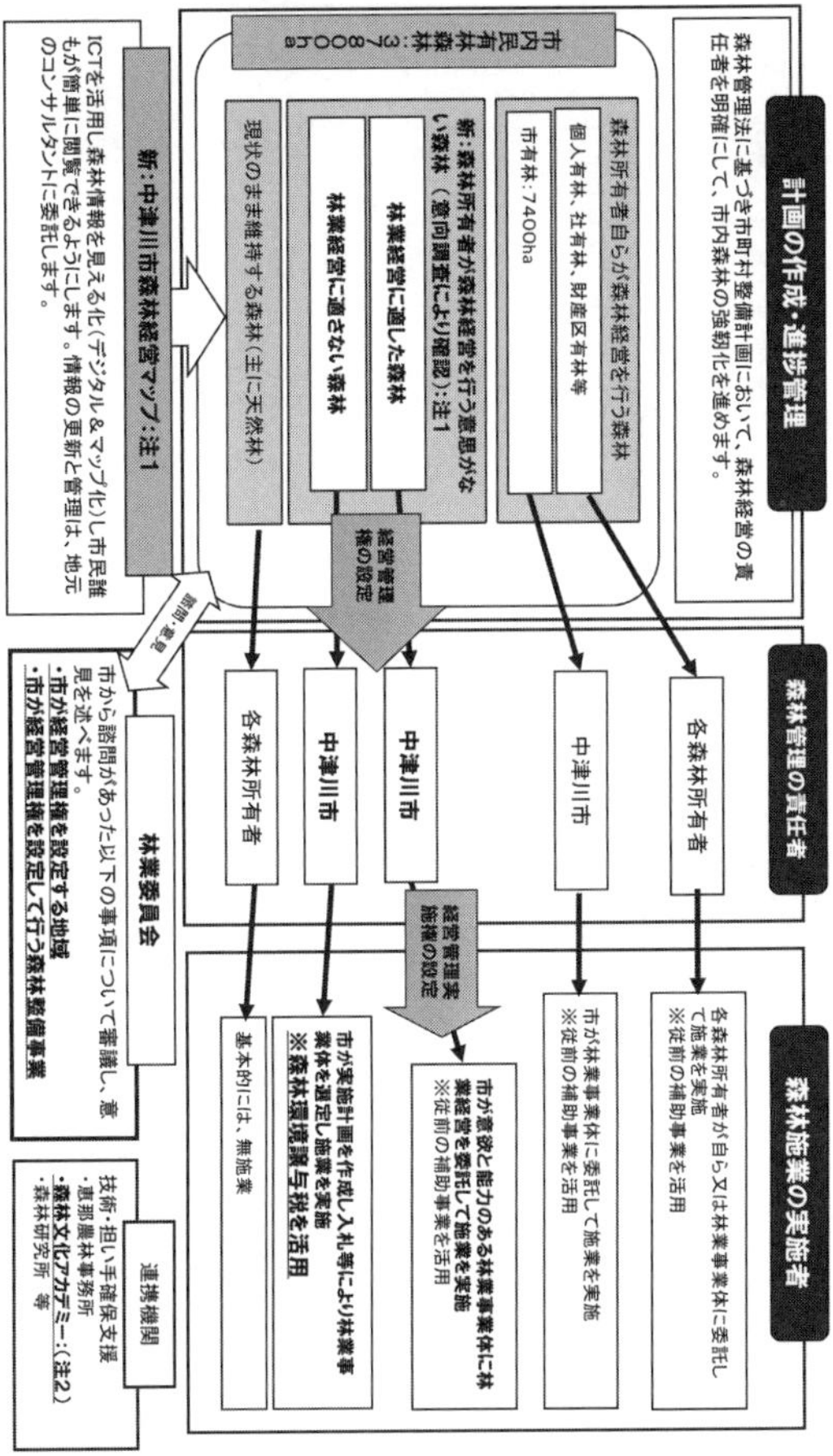

※1：森林環境譲与税を活用
※2：岐阜県立森林文化アカデミーと連携協定をH31年4月に締結

図3　中津川市　森林経営管理制度の実施体制

森林経営管理マップと林地台帳管理システム

当市の基本方針は、災害防止に資する箇所の森林整備を優先的に行うことから、箇所の絞り込みを履歴情報や人工林の有無、地形の傾斜角、土質、既往の災害情報、保全対象への影響等から総合的に判断し、箇所選定を行うこととしました。さらに管理を統一した保管データとすることとし、当市独自の「森林経営管理マップ」を整備することとしました（図4）。

なお、このシステムをベースとして、将来的には「森林情報の見える化」を進め、事業実施の透明性に努め、林地台帳管理については所有者情報や土地情報を集約していることから、この情報も森林経営管理マップにフィードバックできるようにしていくことを考えています。

2018（平成30）年度に実施した意向調査の事前準備

2018（平成30）年度に限り、国の補助事業「森林整備地域活動支援対策事業」で「意向調査の事前準備」も支援対象となりました。意向調査は土地所有者のほか、権利を有する者へ

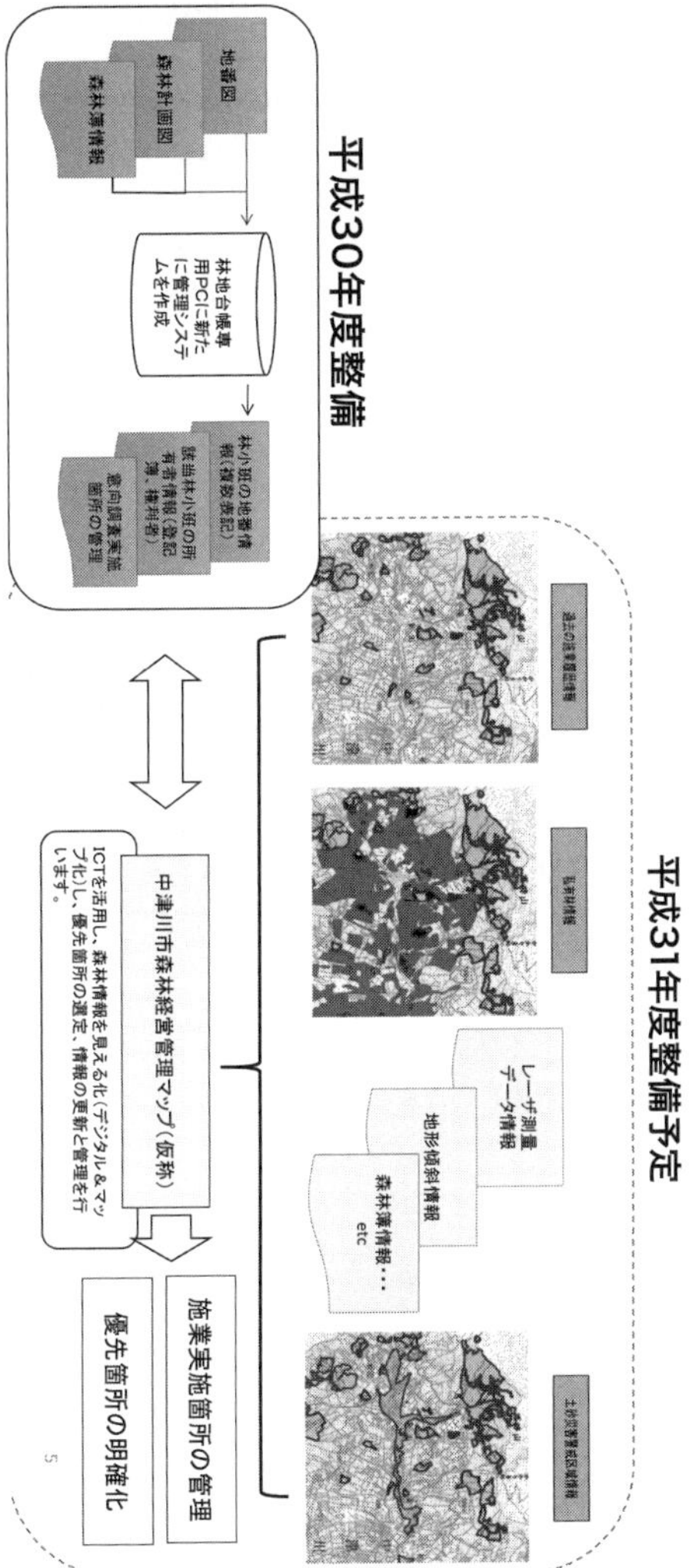

図４　中津川市の森林経営管理マップ整備

表１　意向調査を進めるに当たり現状の問題点の整理

①市内の対象森林の筆数がどれ程の件数か把握できていない（進めるにあたり全体量を把握しておく必要がある）
②林地台帳は整備済だが林小班に与えられる地番が１筆のみ（小面積の地番や複数重複する地番など省略され、詳細が不明）
③森林所有者の相続関係や権利関係を把握する必要がある（意向調査を進めるにあたり、現在の権利者情報を収集する必要がある）
④意向調査で、長期日数を要するレアケース案件も想定（上記データをシステム化し管理できる仕組みづくりが必要）
⑤国から示された意向調査のアンケート様式（あくまで（例）であり、実際に照らし精査する必要がある）
⑥森林経営管理法を市民に容易に理解してもらえる資料がない（独自にパンフレットを作成する必要がある）

表２　森林整備地域活動支援対策事業の実施概要

①事業費：９９８万７０００円
②実施内容：既存の林地台帳を基に、データの整理を行う
Ａ）森林簿の小林班に充てられている地番が複数ある場合のリスト（台帳）の作成
Ｂ）市内の全森林について登記簿上の所有者情報(権利者)を整理し、電子データ化
Ｃ）上記のA)、B）のデータを利用、更新できるようシステムを構築
Ｄ）意向調査のアンケート書面（案）の作成
Ｅ）森林経営管理法を周知させるためのPR用のパンフレット（案）の作成
Ｆ）調査結果のとりまとめ
③実施方法：地元民間事業者に委託

の確認も必要となる重要な業務であり、十分に精査して対応しないとトラブルが発生したり巻き込まれたりする恐れがあります。そこで「森林整備地域活動支援対策事業」を要望し、事前準備を行いました（表１、表２）。

林地台帳データの整理について

２０１７（平成29）年度に整備済みの林地台帳を修正し、林小班に複数の地番を表示できるよう改修しました（図５）。作業内容としては、市内全域の登記簿情報を取得し、そこから林小班に含まれる地番の拾い出しおよび専用ＰＣへのデータ入力を行いました。

林地に該当する筆の総数等について

林地台帳を整理する過程で懸案であった林地筆の件数と登記情報の所有権以外の権利関係の

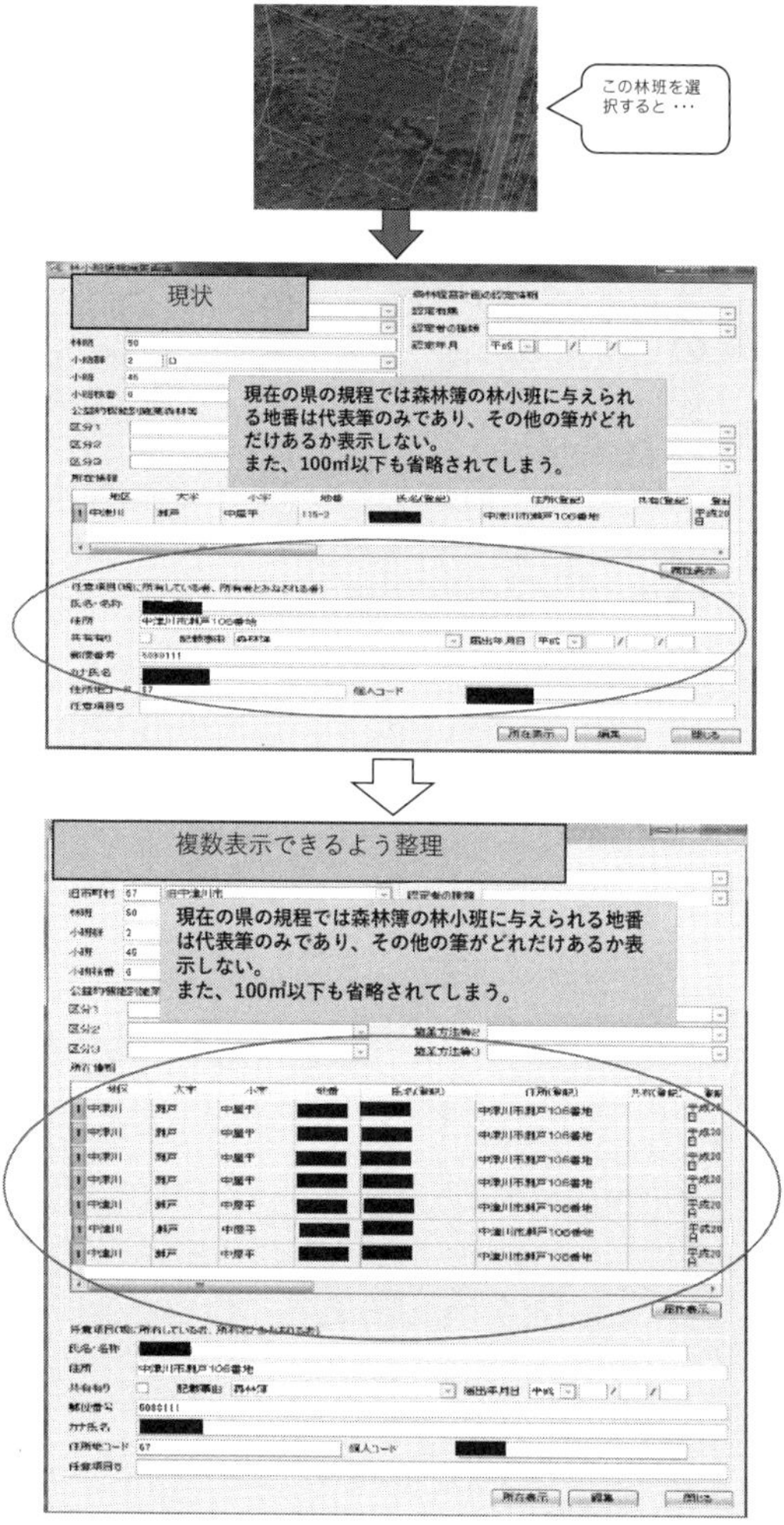

図５　林地台帳の林小班の地番整理

(1)林地内筆抽出　及び
(2)林地内筆抽出検証を行った際の数量は下記のとおり。

項目	筆数	備考
(1) 林地内抽出筆	483,898筆	林小班毎に抽出した筆（1つの筆が複数の林小班に跨っている場合、各々に同一所在地番が存在）
(2) ① 無地番筆	25,863筆	公図上では主に赤道や青道等の地番が設定されていない筆
(2) ② 対象外 1㎡未満の筆	111,612筆	森林計画図及び土地課税台帳図の精度や計測誤差等を考慮し、林小班にかかる筆面積が1㎡未満の筆
(2) ③ 対象外 20㎡未満の筆	880筆	地籍調査が行われた地域で林小班にかかる筆面積の傾向を確認した結果、20㎡未満の筆を目視で確認して明らかに隣接筆と判断できた筆
林地筆抽出筆	345,543筆	上記①②③以外の筆
林地筆	120,677筆	林小班跨りの同一地番を1つにした

(3)所有者情報付与(登記)
上記 林地筆(120,677筆)と登記簿情報との照合状況は下記のとおり。

項目	筆数	備考
林地筆	120,677筆	
登記情報有り	119,962筆	合計地積：516,691,301.42㎡（51,669.13ha）
登記情報無し	715筆	
所在地番が存在しない	614筆	登記情報に林地内所在地番が存在しない筆 データ時点の相異等も含まれます（土地課税データ：H30.1.1時点、登記簿情報：H30.12.10～20）
エラー事由：権利部編集不可	28筆	共有者の持分の合計が1にならない等の理由で不適合とされ、電算化されなかった筆
エラー事由：簿冊	28筆	同じ所在地番で複数の登記簿が存在するため不適合とされ、電子化されなかった筆
エラー事由：登記中	45筆	登記中で登記情報がわからない筆

(1)登記簿情報と照合できた林地筆(119,962筆)の登記地目別数量

地目	筆数
宅地	2,994筆
田	5,847筆
畑	5,654筆
牧場	1筆
原野	10,794筆
池沼	25筆
山林	69,485筆
墓地	795筆
境内地	101筆

地目	筆数
水道用地	151筆
用悪水路	2,202筆
ため池	303筆
堤	57筆
井溝	40筆
保安林	7,263筆
公衆用道路	11,595筆
公園	13筆
鉄道用地	225筆

地目	筆数
学校用地	41筆
雑種地	2,323筆
小社地	2筆
堂宇敷	1筆
警察署敷地	1筆
し尿処理場用地	1筆
公衆用道路林	2筆
田　原野	1筆
田　墓地	1筆

地目	筆数
田　ため池	3筆
田　雑種地	1筆
畑　墓地	2筆
畑　原野	2筆
原野　墓地	5筆
原野　ため池	1筆
山林　墓地	24筆
山林　ため池	4筆
空白	2筆

※登記簿情報の中に現在の不動産登記法で定められていない地目、または1筆に2つの地目が記載されているものがあります。

(2)登記情報なし(715筆)

登記情報を入手する際、同じ所在地番で複数の登記簿が存在したり、共有者の持分を合計しても1にならない等の理由で電子化が不適合とされ、紙の登記簿のまま管理している物件があったり、登記中で発行されない物件があります。

林地筆　120，677筆

図6　林地筆の件数と登記情報の所有権以外の権利関係の情報の整理

情報の整理を行いました。抽出した地番（筆）は12万677筆となり、この中には登記情報がない地番（筆）が715筆も確認されました。考えられることは、使用している土地課税データの地番と登記データの登記時点にズレが生じており、その差が出てしまったことと思われます。また、地目を確認す

ると、不動産登記法で定められていない地目や1筆に2つの地目が記載されているものも確認できました（図6）。

現在の権利者情報の収集

今回の作業で未相続等の地番数も判明できないか調べてみましたが、現段階では法的な規制もあり登記情報のみでは推察するしかなく、完全に把握することはできませんでした。

そこで登記簿の登記年月日を5年ごとにランク分けしたところ（図7）、約15年前（1999（平成11）年〜2003（平成15）年）までの登記件数は全体の累計比率で37・5％となり、それほど古くないため、登記した所有者である可能性が高く、真の所有者にたどり着きやすいと思われます。

次に30年前（1989（平成元）〜1993（平成5）年までの登記件数は全体の累計比率で54・8％となり、約半分程の筆が登記されたことになります。しかし、今から30年程前となると、その当時の所有者が変動している可能性がかなり高くなり、意向調査は慎重に行う必要

（1）5ヶ年ごとの登記日集計

受付年	件数	累計比率
平成26年～平成30年	14,243 件	10.4%
平成21年～平成25年	12,313 件	19.5%
平成16年～平成20年	13,170 件	29.1%
平成11年～平成15年	11,473 件	37.5%
平成06年～平成10年	11,141 件	45.7%
平成01年～平成05年	12,459 件	54.8%
昭和59年～昭和63年	8,334 件	60.9%
昭和54年～昭和58年	6,817 件	65.9%
昭和49年～昭和53年	8,076 件	71.9%
昭和44年～昭和48年	15,203 件	83.0%
昭和39年～昭和43年	4,317 件	86.2%
昭和34年～昭和38年	2,149 件	87.7%
昭和29年～昭和33年	2,042 件	89.2%
昭和24年～昭和28年	2,346 件	91.0%
昭和19年～昭和23年	329 件	91.2%
昭和14年～昭和18年	486 件	91.6%
昭和09年～昭和13年	499 件	91.9%
昭和04年～昭和08年	365 件	92.2%
大正13年～昭和03年	435 件	92.5%
大正08年～大正12年	514 件	92.9%
大正03年～大正07年	287 件	93.1%
明治43年～大正02年	427 件	93.4%
明治38年～明治42年	117 件	93.5%
明治33年～明治37年	164 件	93.6%
明治31年～明治32年	9 件	93.6%
不明	8,690 件	100.0%

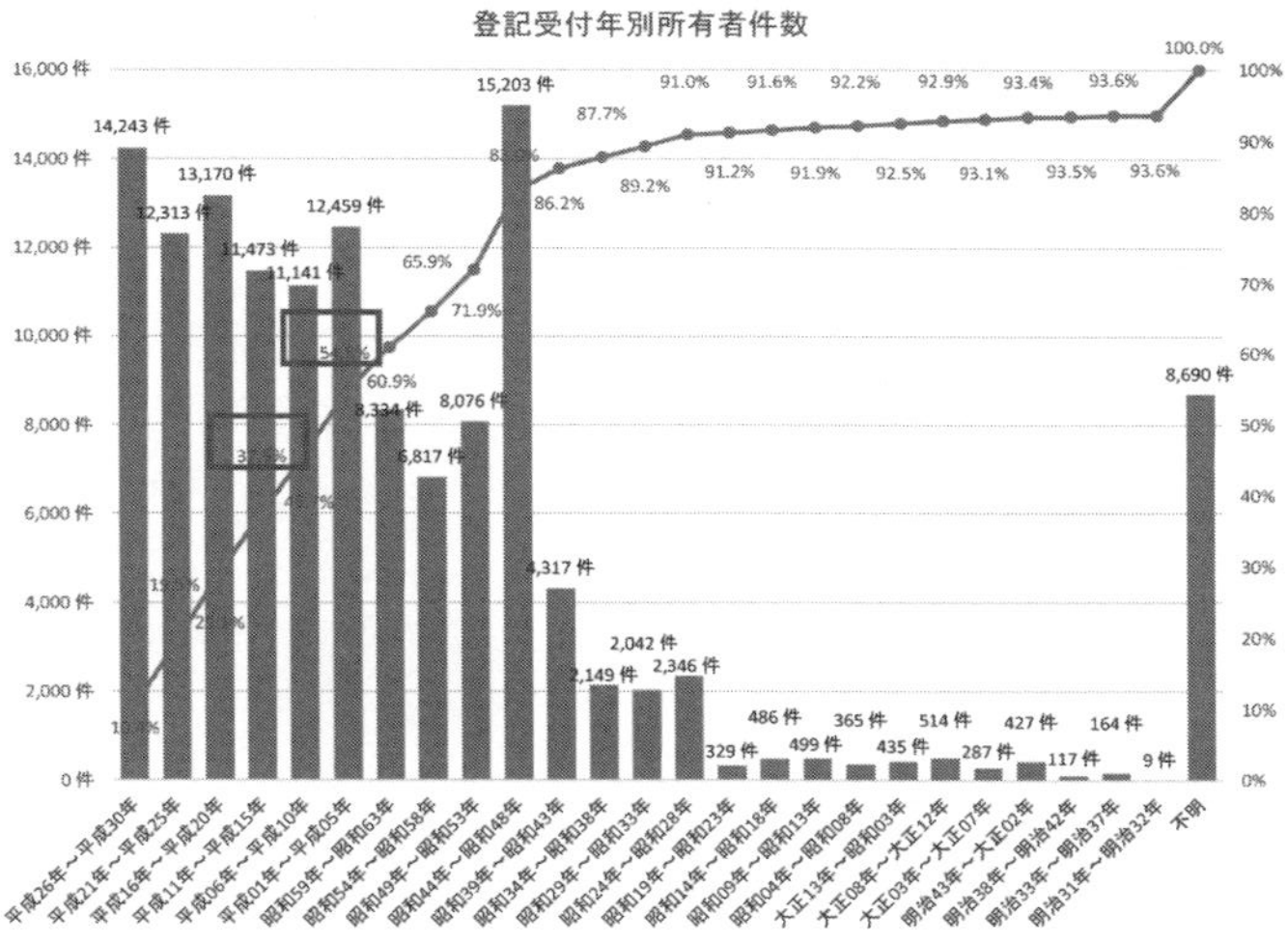

図７　登記日を５年ごとに集計

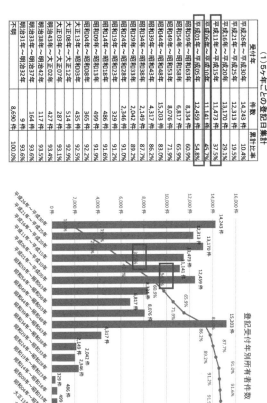

があります。このことから、筆の半分以上は新たな所有者等の所有に変更されていない可能性が高く、所有者不明森林を前提として慎重に意向調査を行う必要があると推察されました。

当面の課題と今後の予定

⑴林地台帳の精度向上

森林経営管理制度の事前準備を進めてきましたが、意向調査から森林整備へと進めていくためには林地台帳の精度向上や森林簿への反映を行う必要があります。しかし、林地台帳は地番ベース、森林簿は林小班ベースであり、管理するルールが異なります。また、管理者も県と市町村で異なり、市のデータを森林簿に反映するには最大2年程度もかかることから、統一的なルールを作成する必要があります。

⑵境界明確化の反映

現在当市の地籍調査の実施状況は約44％しかなく、意向調査および森林整備を進めるには境界を定める必要があります。地籍調査を進めることが一番ですが、すぐには難しく、地番図の精度をいかに向上させるかも課題となります。今後は現状のコンパスやトランシット等の測量に加え、位置情報を活用したＧＰＳ測量や、スマート杭等の活用を図り、地籍調査の参考資料や市独自の地番図の精度向上を検討していきます。

(3) 意向調査は慎重に

登記情報を確認した結果、所有者等の更新が進んでないものが多く、真の所有者を探索する件数も相当あると思われ、作業するにはかなりの労力が必要となります。また、用地関係等はトラブルにも発展しやすいことから、所有者や土地の特定は慎重に対処した方がよいと考えます。

探索する事務の効率化を図るためにも税務情報等を利用できるようになれば、現在、その土地を誰が管理しているか判明するため、そこから探索するだけでもかなり労力が低減できます。しかし、今の法律では目的外の利用となり認められていません。仮に森林法第１９１条の２の規定を準用し、情報を提供してもらえたとしても、不遡及の原則から当市としては、２０１２（平成24）年以降の所有者しか課税情報を利用することができません。このことから今後はこうした利用ができることを期待しています。

おわりに

2018（平成30）年度から意向調査の事前準備を進め、2019（平成31）年度は、市内の北部（加子母）地区、中部（坂下）地区、南部（阿木）地区の3カ所において、意向調査から森林整備までを試行的に実施する予定です。しかし、選考した地区の所有者数の多さや相続問題、境界の確定が必要なことから、通常業務の傍らで業務を進めることがかなり厳しい状況だと痛感させられました。さらに、岐阜県林政部が開催してくれた弁護士による研修会では、所有者の探索および特定を行う作業過程を慎重に対処しないと様々な落とし穴があるとの説明がありました。

職員を増員し、対応できればよいですが、既に増員していることもあり、すぐには見込めない状況です。現在、「中津川市森林経営管理マップシステム」を地元のコンサルタントに委託し構築作業中で、このシステムの導入により効率化を図れないかも検討しながらシステム構築をお願いしています。ただし、ここでもマンパワー不足をどのように克服していくかが重要となるため、効率よく業務ができるよう今後も考えていきたいと考えています。

徳島県美馬地域

「やましごと工房」の挑戦

―森林経営管理制度の具現者を目指して

徳島県西部総合県民局農林水産部課長補佐（森林総合監理士）
工藤　剛生《たけお》

はじめに

わが国の林業政策の歴史上、森林経営管理制度は革命的な制度だと私は考えています。

本制度を適切に運用することができれば、これまで問題視されてきた放置森林の多くは市町村の手により管理され、森林整備が大いに進むことは明らかです。

また、一口に森林整備と言っても、いったん伐採すると、その後の植林・保育といった一連の施業が付随してくるわけで、伐採面積が増加すると、そこから派生する施業は倍々で増加し、林業の担い手が確保できれば、地域経済が活性するのは間違いないと見てよいでしょう。

と、前文に「たら・れば」表現を入れてみましたが、森林経営管理制度が整ったところで、「れば」の部分が実現できなければ、制度は絵に描いた餅になり下がり、森林環境税は徴収する意味のない税金になってしまいます。

「やましごと工房」は、そんな「れば」の実現を目指している団体です。

設立

やましごと工房は、森林経営管理制度の考え方が出る以前から構想を練っていたプロジェクトでした。

2012（平成24）年、同じ徳島県の那賀町では、森林所有者からの森林管理受託を担う「森林管理サポートセンター」が役場内に設置され、私はその当時、県の立場から運営実務のお手伝いをしていました。

同センターは、全国的に見ても先進的な取り組みで、数多くの成果を上げた一方、私有林の管理受託を役場の一組織が担うスキームや林業事業体との意見調整など、課題点が多くあったことも事実です。

その事例を踏まえ、2017（平成29）年、筆者の転勤先の美馬地域で、那賀町での課題点が解決できるような仕組みを持つ森林管理受託団体を作ろうとしましたが、予算確保という問題に直面し、団体設立は頓挫。

その挫折感に打ちひしがれている同年10月頃、林政の新たな動きとして、「新たな森林管理システム」の考え方が明らかになりました。

そこには、所有者が森林管理を実行できない場合に、市町村が当該森林の管理を受託し、地域の林業関係者に経営を再委託するか、市町村自らが管理を行うとありました。

これを見たとき、「これこそ『やましごと工房』の仕事じゃないか！」と、まさに神意を見た思いがしたものです。

新たな森林管理システムにおける市町村の役割はこれまでにはないほどの重要な位置を占めていますが、一方で、果たしてそんなことができる市町村が全国にどれぐらいあるのだろうかという疑問を持ち、「であれば、やましごと工房が市町村の仕事をすべて受託しよう」との考えに至ったのです。

しかも、団体設立のネックとなっていた予算確保の問題も、市町村が実施すべき森林経営管理業務の大部分を担うことを主業務とするなら、市町村からの予算措置が期待できるかも…。

かくして、美馬市、つるぎ町、県の三者で、団体設立に関する協議を重ね、市町には設立資金の予算化もしていただき、２０１８（平成30）年10月、やましごと工房が始動しました。

やましごと工房の実施体制

やましごと工房は、徳島県美馬市、つるぎ町、そして徳島県で構成される団体です。組織図は図１のとおりですが、構成員が三者のみであることから、そのすべてが役員となり、会長である県の県民局農林水産部部長は事務局長も兼務しています。

やましごと工房の運営を担うスタッフは、職員（林業改良普及指導員）が総括的な団体運営を担い、森林経営管理に関する実務には、プロパーとして採用した認定森林施業プランナーである元森林組合職員を充てています。

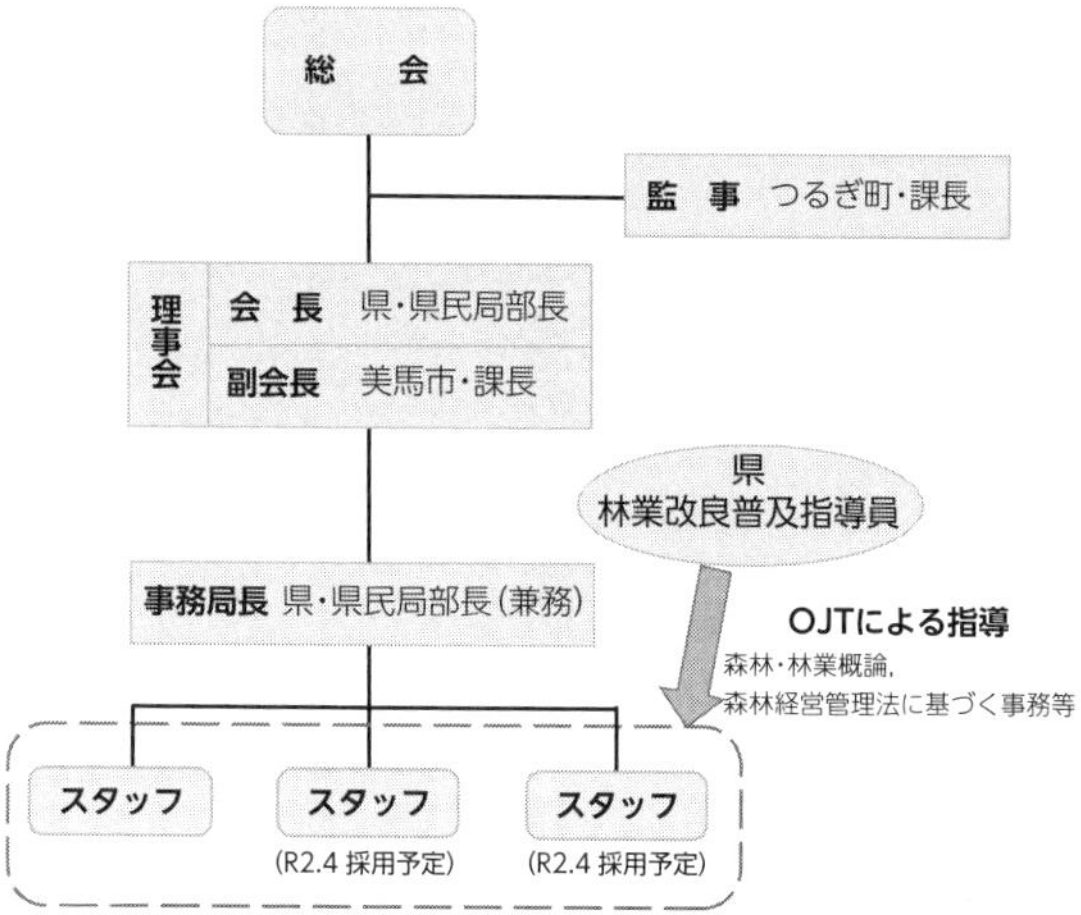

図１　やましごと工房組織図

２０１９（平成31）年度の業務はこの２名（１・５名？）体制で対応できましたが、２０２０（令和２）年度以降は業務量が増大することが確実であるため、２０２０（令和２）年４月１日付で新たに２名のプロパースタッフを採用することが決定しています。

やましごと工房に対する市町からの要望事項

やましごと工房の設立協議の中で、美馬市およびつるぎ町から次のような要望があり、それを団体の社是としています（図２）。

(1)林業事業体とは独立した立場を守ること

前述の、やましごと工房の設立協議は、市町と県のみで行い、森林組合等林業事業体は入っていません。

その理由は、森林経営管理制度において、意向調査の実施や経営管理権を設定する実務を担う者と、森林施業実行者は、分離する必要があるという結論に至ったからです。

経営管理権の設定を経て、所有者から森林管理を委託された市町村が森林施業を発注する先は、自ずと森林組合等地域の林業事業者になりますが、それらの者が、市町村発注事業の事業費設計の基礎となる調査にまで関与していたら、公共工事における設計と施工の分離の原則に反するというのが大きな理由です。

言い換えれば、やましごと工房は、森林経営管理制度に係る調査業務や計画策定支援業務、事業設計監理業務は積極的に実施しますが、実際の施業実施や森林経営管理を担うことはないということです。

最近、林野庁から、森林組合でも意向調査を行うことは差し支えないという見解も出されていますが、森林経営管理制度の実施は林野庁ではなく市町村が主体であり、制度の展開・運用で何らかのミスや批判が出たとき、矢面に立つのは林野庁ではなく市町村であるということを常に意識しておくことが必要だと思います。

(2) 全国に事業展開すること

「やましごと工房は、徳島県内外を問わず、積極的に事業を展開するように」という意見がありました。

その心は、やましごと工房の業務拡大により地域の企業（団体）の振興につながり、雇用の拡大も見込めることのほか、「市町からの業務委託費以上の財政支援を言ってこないように」という思惑もあるのでしょう。

(3) 森林経営管理から派生するベンチャーの創造・育成に努めること

森林経営管理業務を展開していくと、森林所有者からの様々な要望や多くの課題が浮き彫りになることが容易に想定されます。

そのような要望や課題をビジネスシーズと捉え、それに挑戦するベンチャーを創出・誘致・支援することが求められています。

ビジネスシーズの事業化をわかりやすい例で想像してみると、森林所有者に対する意向調査

図２　「やましごと工房」の設立について

をしたとき、「うちの山を売りたい」という声がビジネスシーズであり、その山を素材生産業者等にあっせんする業態が事業となります。

このようなビジネスシーズは、森林経営管理制度を運用するだけでも相当な数が浮かび上がり、その数だけ事業化の可能性が広がります。

やましごと工房　2019（平成31）年度の業務

2019（平成31）年度は、美馬市およびつるぎ町をフィールドとして、以下の森林経営管理業務を実施しているところです。

(1)森林経営管理方針の策定支援

美馬市およびつるぎ町それぞれが策定する「森林経営管理方針」の策定支援を行いました。

同方針は、経営管理意向調査、経営管理権集積計画の策定、経営管理実施権配分計画の策定、森林経営管理の実行に関する方針・方法を示すものとなっており、両市町の森林経営管理のあり方を明確にするとともに、市町担当職員の人事異動があっても、森林経営管理に関する引継書的役割を担う目的も持たせています。

(2) 経営管理意向調査の実施（図３）

２０１９（平成31）年度は、美馬市において１７２６ha・７７４人、つるぎ町において１７３７ha・６７７人に対する意向調査を実施しています。

７月末に調査を開始し、期日までに回答をいただけなかった方に対しては、ハガキ、電話による督促を行った結果、10月末現在で約52％の回答率となっています。

それ以降は、第３回目の督促を行うほか、意向調査票を送付した方の約20％が宛先不明で返信されてきたことから、それらの方について戸籍等を調査することにより、登記上森

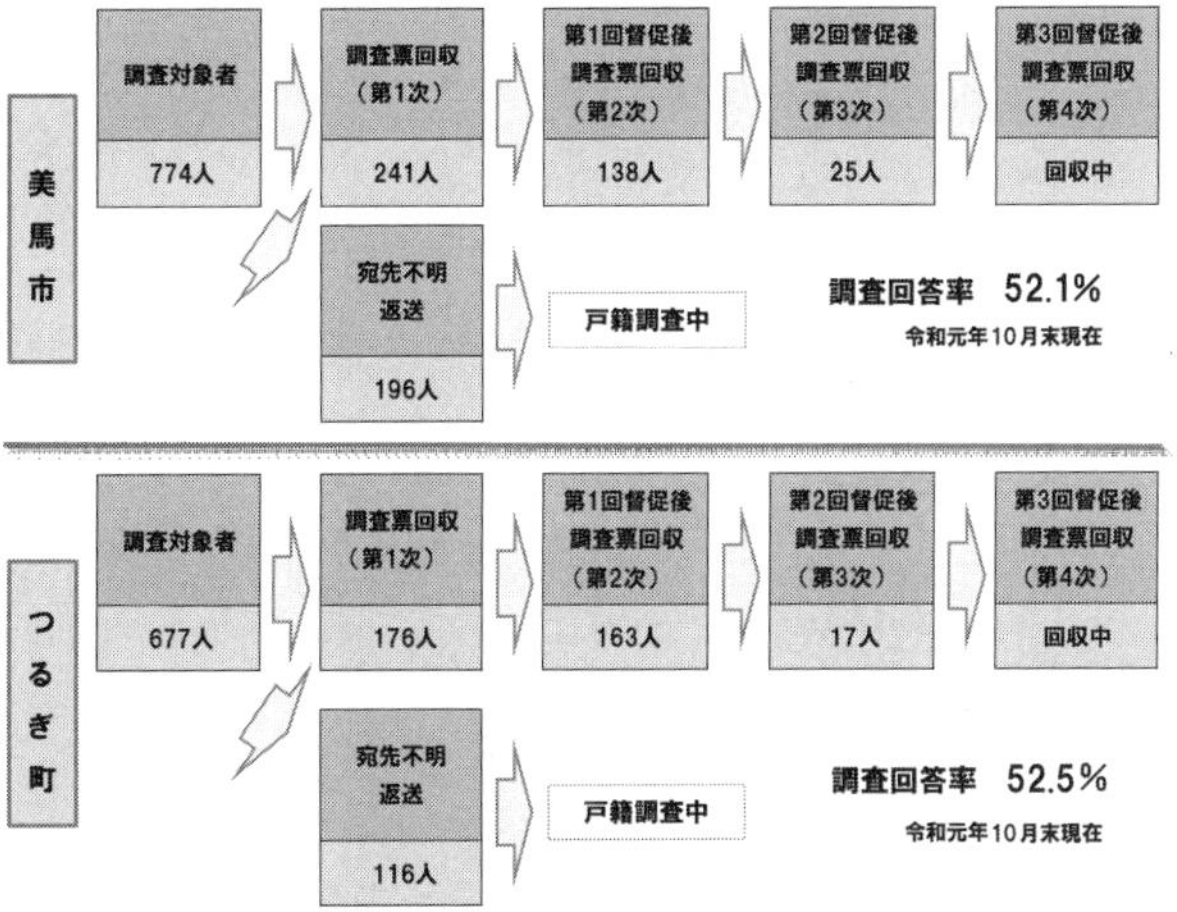

図３　意向調査回答数

林所有者と所縁のある方を探索し、改めて意向調査を実施しています。

⑶意向調査管理システム　纏 -Matoi- の開発

やましごと工房では、２０１９（平成31）年度に約１５００人の方の意向調査を実施していますが、これだけの人数がおられると、調査対象者個人ごとの調査進捗の把握等に混乱が生じることが危惧されました。

そこで、そういった調査進捗管理、いただいたお問い合わせや対応状況のメモ、郵便物の宛名印刷、意向調査結果の入力と集計、故人となった登記簿上所有者の法定相続人の所在等整理簿等の機能を持つシステム「纏 -Matoi-」の開発を行いました。

このシステムを活用することにより、調査対象者各々の調査進捗管理が簡易になり、またスタッフ全員の中での情報共有も可能なことから、調査対象者からの急なお問い合わせにも即座に対応できるようになりました。

また、纏に入力したデータ（森林情報、所有者情報、意向調査回答など）はＣＳＶ出力後、林地台帳や森林簿のデータとリンクさせることでＧＩＳ上でのデータ表現も可能となり、経営管理権集積計画や経営管理実施権配分計画を策定の際に、その視覚データはとても有効なものになると期待しています。

今後の業務展開

森林経営管理制度は始まったばかりで、やましごと工房としても前項⑴〜⑶の業務しか経験していないのが実態です。

しかし、意向調査の結果を踏まえ、２０２０（令和２）年度からは、経営管理権集積計画の策定支援、経営管理実施権配分計画の策定支援などを担っていくこととしており、現在、その進め方や手法を関係市町と協議をしながらブラッシュアップしているところです。

併せて、経営管理実施権の配分や市町直営事業の実行に必要不可欠となる森林資源現況調査を効率的に実施するため、２０１９（平成31）年度中に森林ＵＡＶシステムの導入を図ることとしています。

これは、森林のドローンによる空撮画像を3次元解析することで、立木本数、立木材積、立木密度等を明らかにするもので、レーザ計測に比べて計測誤差はあるものの、簡易で安価な調査を実現することができます。

こういった機器も活用しながら、地域の森林管理に貢献できる業務を展開したいと考えています。

一方、これまで、やましごと工房について各種メディアでご紹介していただくことで、複数の市町村等からご視察いただく機会も増え、その業務方針や取り組み内容にご賛同いただけた市町村からは、業務のお見積もりをご依頼いただくこともあります。

前にも述べたとおり、やましごと工房は全国展開することを念頭に置いていることから、今後は全国の市町村の森林経営管理の一端を担わせていただき、勉強させていただきたいと考えています。

将来展望

森林経営管理制度が始まり、今後市町村が管理すべき森林のボリュームはどれぐらいなのか、これからの業務の内容を知る上でとても興味深いものがあります。

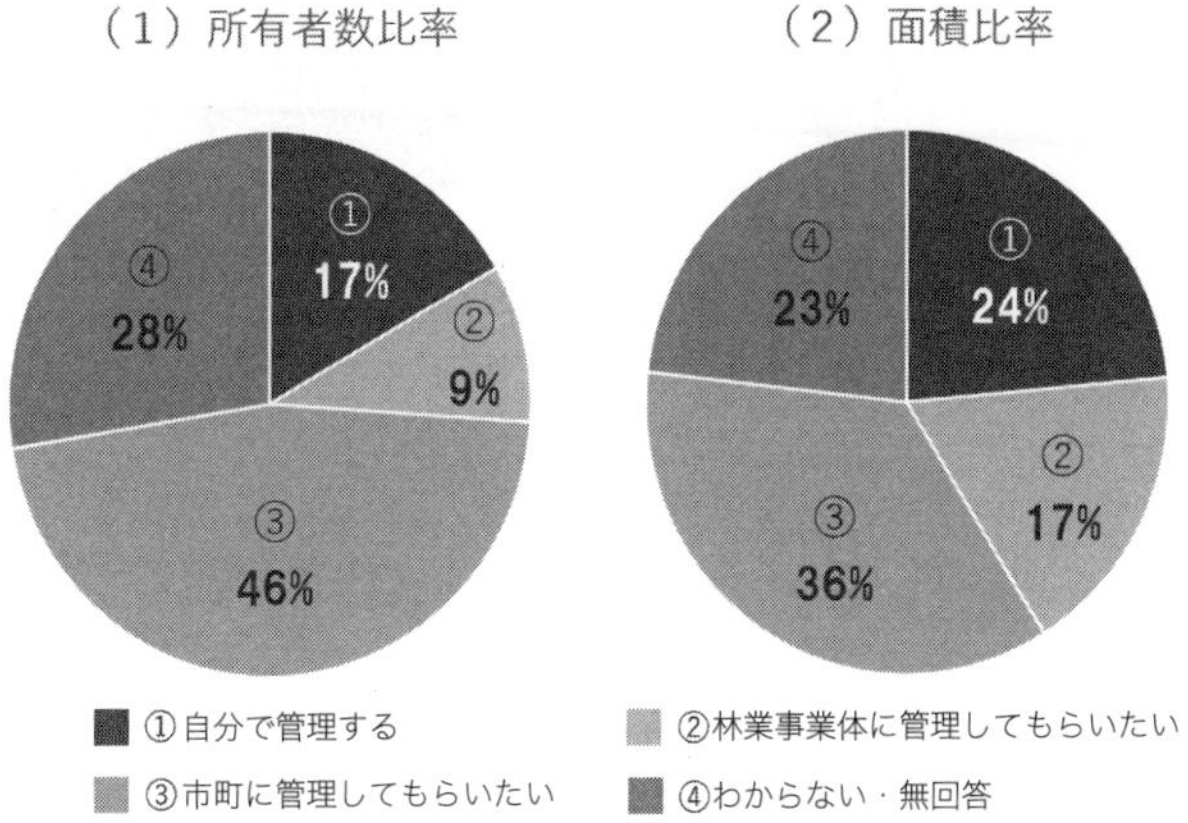

図4　意向調査結果

そこで、２０１９（平成31）年度の意向調査の途中経過を基に、森林所有者の意向をまとめたのが図４です。

このグラフは、美馬市およびつるぎ町の森林所有者に対し、所有森林の今後の管理のあり方についてお聞きしたもので、①自分で管理する、③市町に管理を任せる、②林業事業体に管理を任せる、④わからない・無回答の中から回答していただきました。

その結果、③市町に管理してもらう、と回答された方は全体の46％に上り、森林経営管理制度に対するニーズはかなり高いと言えます。

また、③と答えた方は、所有者数比率では46％ですが、面積比率では36％となっており、森林所有規模の小さい方ほど、市町への森林管理委託のニーズが高いこともうかがえます。

この結果から考えると、経営管理を任された市町にしてみれば責任重大で、今後の経営管理権の集積、経営管理実施権の配分、市町直営事業の実施のそれぞれにおいて、森林所有者の期待に応えることができる経営管理の実践が求められます。

その中で、特にあい路として挙げられるのは、林業担い手の不足でしょう。

森林経営管理制度が本格的に運用されると、新たに生まれる森林施業は膨大な量になることが想像できますが、その仕事をこなす担い手は、現状でも絶対量が不足している状況です。

やましごと工房としても、林業担い手確保についての取り組み方針を有してはいるものの、現段階では夢物語のように思われそうなので明らかにはしませんが、それはさておき、「林業担い手の確保なくして森林経営管理制度は成らず」という言葉を念頭に置き、林業の担い手確保・定着対策は、国・都道府県・市町村・林業事業体のそれぞれが一様に真剣に考え、取り組んでいただきたいということを切に願い、結びと致します。

愛媛県久万高原町

林業成長産業化の推進と森林経営管理制度

愛媛県中予地方局産業経済部久万高原森林林業課森づくりグループ担当係長
坂本　康宏

久万高原町の概要と地域の方針

久万高原町（以下、町）は、２００４（平成16）年8月に旧久万町、旧美川村、旧面河村、旧柳谷村の４町村が合併して誕生した町で、愛媛県の中南部に位置し、四国山地に形成された中山間地です。

町の総面積は５万８３６９haで、森林面積は５万２４７７ha（林野率90％）で、そのうちスギを主体とした人工林面積は３万５９８５ha（人工林率84％）で形成されています。このうち、

96％が伐期を迎えつつある36年生以上の林分となっており、これらの森林に対する適切な施業が課題となっていますが、林業の採算性の悪化や不在村者の増加などにより森林整備が遅れ、公益的機能が十分発揮できない森林が存在するようになってきています。

このような状況から、森林整備を推進するため、２００５（平成17）年度にスタートした、提案型森林集約化の取り組みである久万林業活性化プロジェクト（以下プロジェクト）により、林業事業体等の育成を行うとともに、２００８（平成20）年9月には、「久万高原町森林づくりと木へのこだわり条例」を制定しました。

林業は町の基幹産業であることから、森林資源を核として、「久万材」のブランド化と有利販売等を実現し、その利益を、持続的に林業経営者に還元する仕組みを構築し、基幹産業である林業の成長産業化を図ることで、「林業日本一のまちづくり」を目指しています。

また、２０１６（平成28）年度には林業成長産業化地域指定を受け、ＩＣＴ技術等を活用した新しい木材流通体制の構築に向けて取り組んでいるところです。

森林経営計画制度の取り組み内容・スキームについて

町における森林の集約化において、プロジェクト（図1）を抜きにして語ることはできません。

町では、2005（平成17）年度から間伐等の森林整備と林業による地域活性化を目的として、プロジェクトを推進してきました。プロジェクトは、町と久万広域森林組合（以下、組合）が一体となり実施してきた森林集約化の取り組みであり、

①森林組合への経営委託による属人森林経営計画の樹立
②森林所有者は自己負担なし
③プラン書を提示する提案型集約化施業
④入札実施による林業事業体（対象事業体32社）への森林整備事業の発注等

の特徴を有し、10年以上、町内の集約化を担ってまいりました。

プロジェクトは、2008（平成20）年度から急速に事業量を拡大し、素材生産の拡大や担い手の受け皿となる林業事業体の育成が進み、2014（平成26）年度には素材生産量7万1000㎥を超える実績を上げるなど一定の成果を残してきました（図2）。

しかしながら、プロジェクトによる森林整備は、2013（平成25）年度をピークに徐々に

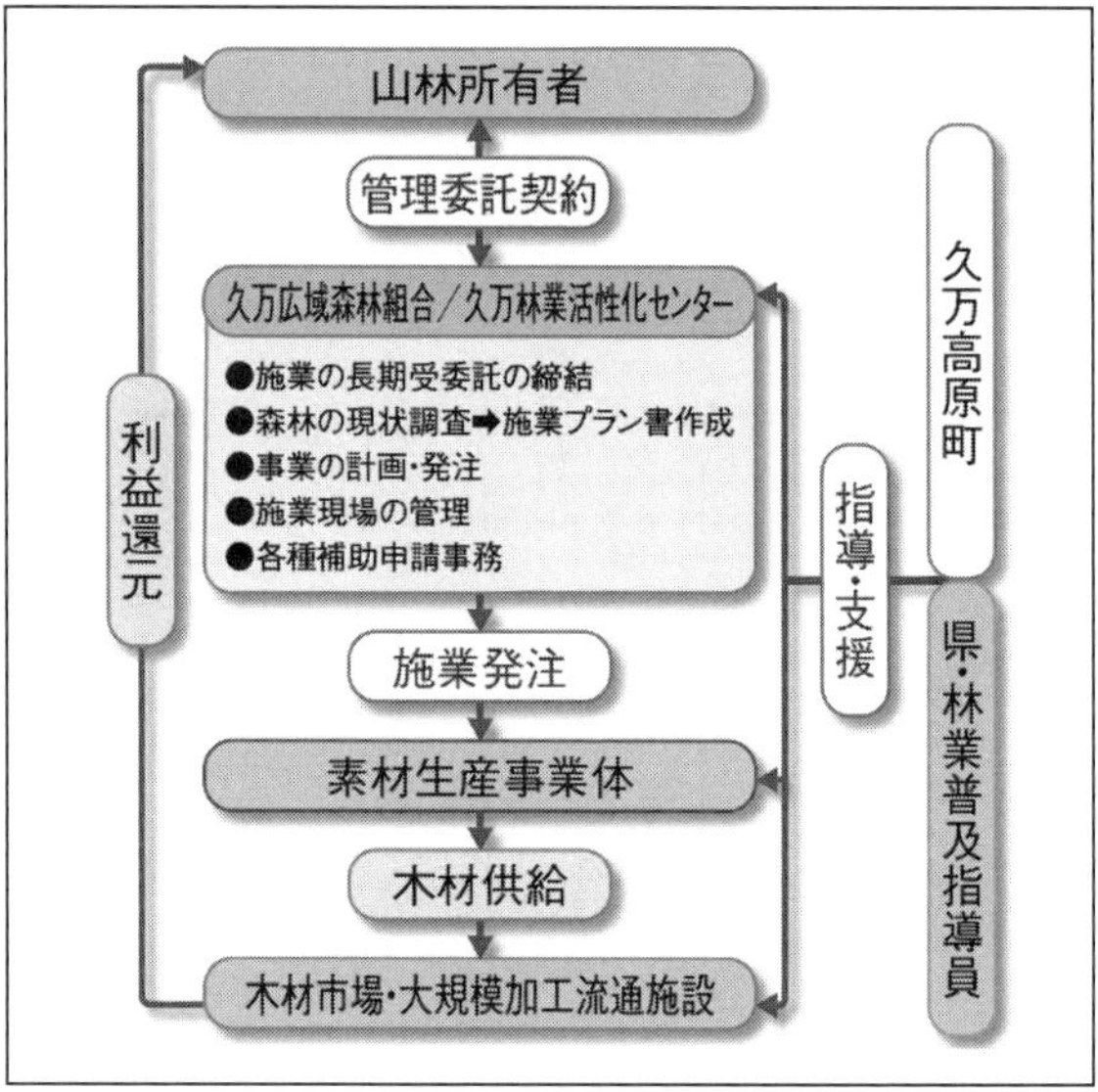

図１　活性化プロジェクトのスキーム

実施面積を減少させています。理由としては、

①同じ場所で、間伐を何度も繰り返して行うことは、現実には困難

②経済活動であるため、不採算林の割合が多い地域は実施できない

③取り組みやすい森林から手がけたため、所有者不明林等、集約化困難な森林が残った

等のほか、地元と密接な関係を持つ林業事業体が、森林組合に頼らず、経営計画を樹立するようになるなど、新たな林産活動が始まったことも挙げられます。

そのような中、2019（平成31）

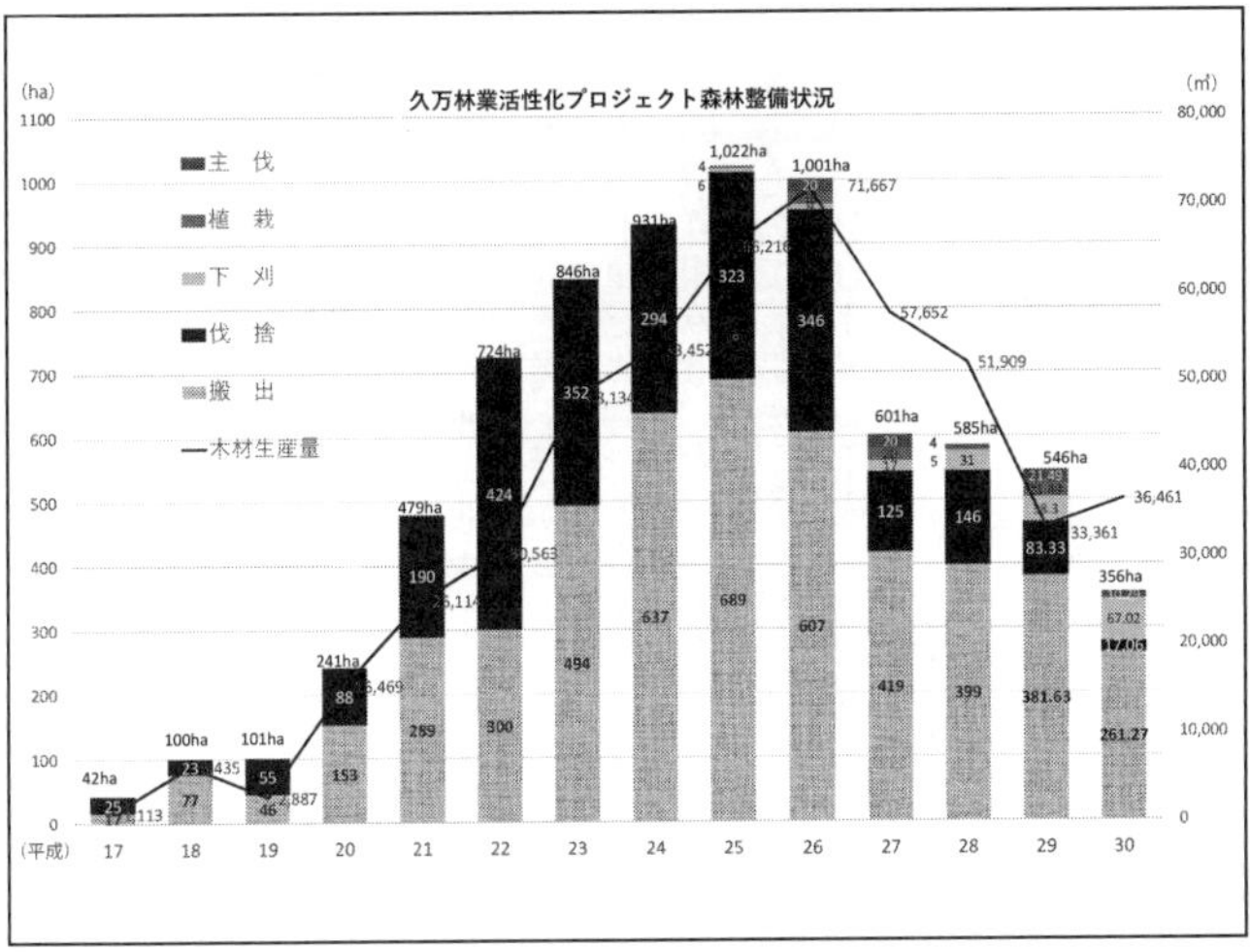

図２　活性化プロジェクトの実績

年から森林経営管理制度が開始されることとなりました。森林経営管理制度では、森林を採算林と環境林に区分し、採算林については、意欲と能力のある林業経営者が経営計画を樹立し、環境林については、町が整備を行うこととされています。

　このことにより、不採算林が多く、これまで集約化が取り組めなかった地域についても、集約化のテリトリーに組み入れることができるようになりますので、今後、経営計画面積の上積みが見込めると考えています。

　現在、森林経営管理制度のモデル団地を作成しており、森林管理システムと既存のプロジェクトとの関係についても、このモデルケースを通して議論していく予定としています。

管理制度に対するICTの活用

林業成長産業化地域創出モデル事業では、ドローンによる一定面積の森林について、詳細な森林の資源量把握を行うとともに、それを基にした管理計画や流通情報などをICTを用いて川上—川下間で共有できるシステムの構築を目指しています。

この取り組みは、木材の生産現場から建築事業者までをICTで繋ぐことで、流通革命を実現するもので、林業のあり方を変えるブレイクスルーになることが、期待されているところです。

また、2018（平成30）年度西日本豪雨災害に伴い、国に愛媛県全域にわたってレーザー航測を実施していただき、2019（平成31）年度には、県下の一番目として、久万高原町でデータ解析が行われ、2020（令和2年）度から成果を利用できるようになります。

今回、町内全域のデータが整備されるため、プラン書作成の省力化につながるものと期待しております。解析データには、森林の蓄積量だけではなく、詳細な地形データも整備されますので、特にプラン書作成時に誤差を招きやすい、森林作業道作設の際の支障木の材積計算に威力を発揮するものと期待しているところです。

これらのＩＣＴの活用により、素材生産部門と同様に担い手不足に悩む、プランナーの省力化に貢献し、森林経営管理制度を推進していけるものと考えています。

担当人員の確保

前述のように、今後、森林経営管理制度を推進する担当人員の確保には、プロジェクトとの連携が重要になってきます。久万高原町では、林政部門として林業戦略課に８名（うち地域林政アドバイザー１名）の職員がおりますが、森林環境譲与税は人件費に充てられないため、人員増を図ることができず、中予山岳流域林業活性化センター（会長：町長）を中心に森林経営管理制度を推進することとしております（図３）。

中予山岳流域林業活性化センターは、過去に組合と一緒にプロジェクトを推進してきた経緯があるため、組合の協力を得ながら、新たな森林管理制度を推進するのに最適だと言えます。

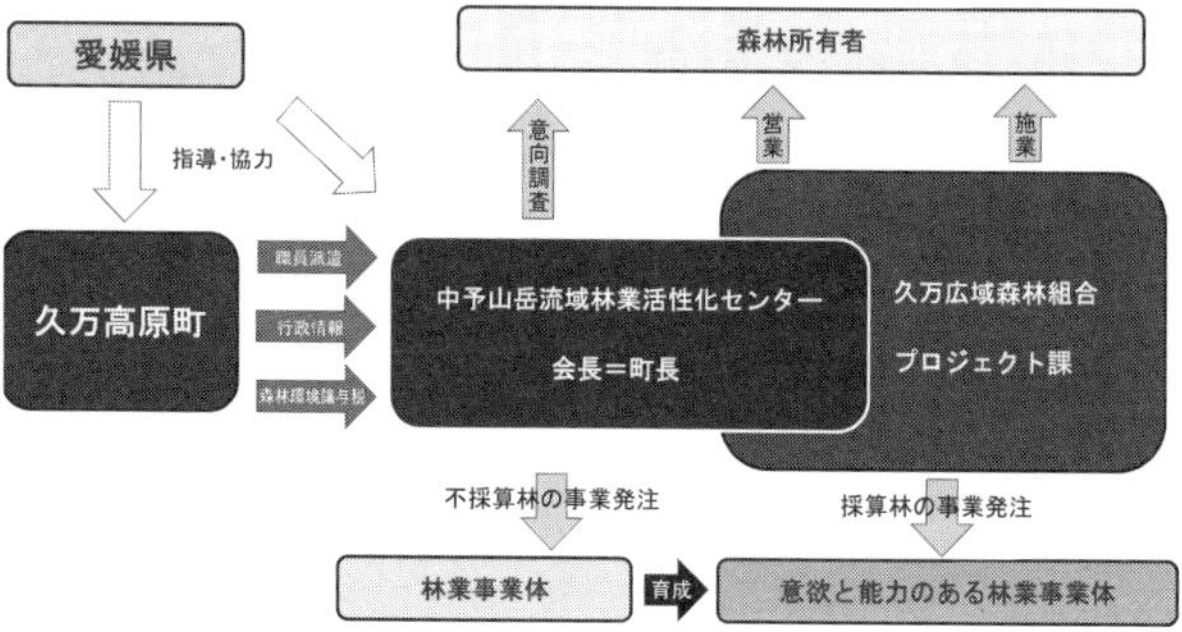

図３　活性化センター組織イメージ図

今後は、中予山岳流域林業活性化センターが主体となって森林経営管理制度を推進する一方、組合のプランナーと力を補い合う形で集約化を進めていきたいと考えています。

プロジェクトと森林経営管理制度

現在、森林経営管理制度のモデル地区の作成をはじめていますが、組合が10年以上培ってきたプロジェクトの技術なしに進めていくことは困難と言えます。

しかしながら、町内には、森林経営計画を樹立する能力を持った林業事業体が複数存在しており、森林経営管理制度では、経済林については、町が民間業者から提案を受けて、森林を管理する主体を選定することとされています。

このことから町としては、公明正大な方法により選定していく必要があり、組合ありきでシステムを運用することはできません。そこで経営管理権を得た森林について、①速やかに森林経営計画を樹立すること、②森林所有者にはプラン書を提示、施業後精算し、金銭の流れの透明化すること、③森林整備を最適な方法で行う（入札の実施等）こと等の基本的条件を作成した上で、町が提案を受けることを考えております。

もちろん、プロジェクトについては、これらの条件をクリアしていますから、問題なく経営権の提案を行うことができます。

寄付・売却希望森林等

森林経営管理制度実施に先駆け、２０１８（平成30）年度に町内３地区で意向調査を行いましたが、郵送での調査の回答率は約64％でした。無回答のなかには、宛先不明も含まれており、今後、こうした森林をどのように扱っていくかが問題になってきます。

また、回答のあった森林所有者のうち約14％が、寄付や売却を希望する「森林を手放したい所有者」でした。売却を希望する森林については、意欲と能力のある林業経営者に入札等を通じて適正な形で森林の購入を促す仕組みづくりと、売却や寄付を希望しても引き取り手のない森林について、町に経営を任すのか、新たな管理機構をつくるのか、今後どのように管理していくか大きな課題もあります。

町内森林を管理主体でゾーニング

これからの久万高原町には、

①森林経営管理制度対象森林
②組合によるプロジェクト森林
③個人や事業体が管理する森林等

管理方法の違う森林が混在することになります。これまでは、森林の機能別にゾーニングを行ってまいりましたが、今後は、森林の管理方法によるゾーニングの検証も必要になると思われます。

写真　会員法人化祝賀会（自伐型林家連絡協議会）

もちろん、森林の管理方法と森林の機能は密接に関係していますから、森林経営管理制度が軌道に乗ってきた時期を見計らって、町全体の森林管理主体を今後どのようにしていくのかを考えていく必要があると考えています。

新たな林業事業体の結成――自伐型林家連絡会の立ち上げ

近年、有効求人倍率が高止まりするなか、多くの産業で担い手不足が叫ばれております。もちろん、本町の林業も担い手不足と縁がないわけではありませんが、町内においては、新たな林業事業体が数多く結成され、若くて活きのいい林業従事者が、久万高原自伐型林家連絡会を立ち上げ、情報交換や研修など活発に活動するようになりました（写真）。

これら林業事業体が底力を発揮し、２０１８（平成30）年度には、町内３市場の原木取扱量が過去最高の18万４０００㎥を超えるなど、明るい兆しも見え始めています。

平成時代には林業の会議に出席すると、枕詞のように「林業を取り巻く情勢はますます厳しくなっており…」と挨拶があったものですが、それが時代遅れになる日がくるよう、そして、こうした若い林業事業体が未来の意欲と能力のある林業経営者に進化していけるよう、今後とも、新たな令和の時代に対応した久万林業活性化プロジェクト推進による低コスト林業を推進していきたいと考えています。

事例編 2

市町村支援のための組織立ち上げ

地域全体の底上げを目指す山形県森林管理推進協議会の設立

山形県農林水産部森林ノミクス推進課森林経営管理専門員
齋藤　浩

はじめに

山形県の県土面積の72％を占める森林は、全体の47％が民有林、53％が国有林となっており、戦後植栽された人工林は成熟し、本格的な利用期を迎えています。

このような中、県では、地域の豊かな森林資源を「森のエネルギー」、「森の恵み」として余すところなく活用する「やまがた森林《モリ》ノミクス」を全国に先駆けて提唱し、森林資源を県民総参加で積極的に活用することで、木を植え、育て、使い、再び植える「緑の循環システム」を構築して、産業振興や雇用創出を図り、地域全体の活性化につなげていく取り組みを進めてい

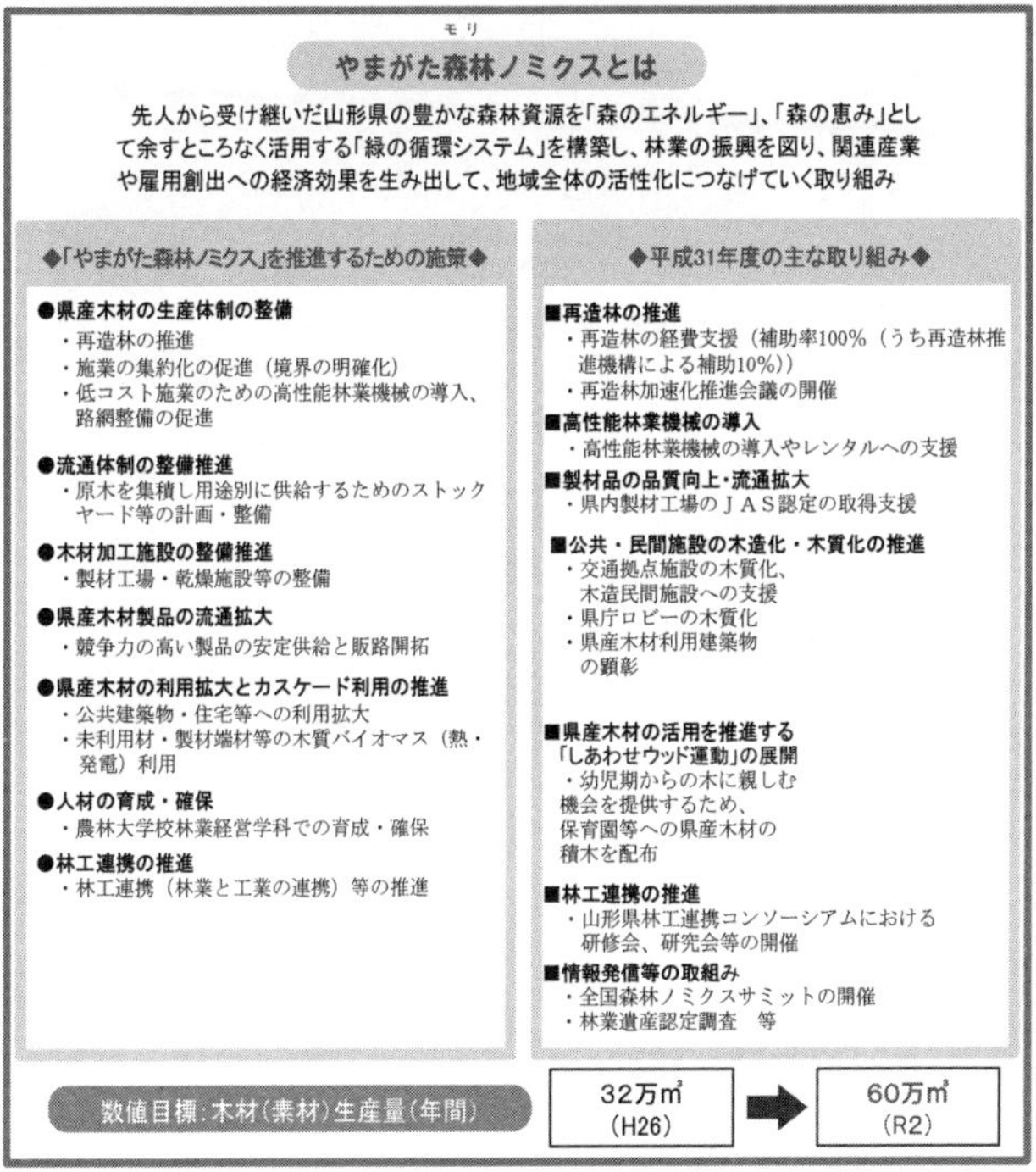

やまがた森林（モリ）ノミクスとは

先人から受け継いだ山形県の豊かな森林資源を「森のエネルギー」、「森の恵み」として余すところなく活用する「緑の循環システム」を構築し、林業の振興を図り、関連産業や雇用創出への経済効果を生み出して、地域全体の活性化につなげていく取り組み

◆「やまがた森林ノミクス」を推進するための施策◆

●県産木材の生産体制の整備
・再造林の推進
・施業の集約化の促進（境界の明確化）
・低コスト施業のための高性能林業機械の導入、路網整備の促進

●流通体制の整備推進
・原木を集積し用途別に供給するためのストックヤード等の計画・整備

●木材加工施設の整備推進
・製材工場・乾燥施設等の整備

●県産材製品の流通拡大
・競争力の高い製品の安定供給と販路開拓

●県産木材の利用拡大とカスケード利用の推進
・公共建築物・住宅等への利用拡大
・未利用材・製材端材等の木質バイオマス（熱・発電）利用

●人材の育成・確保
・農林大学校林業経営学科での育成・確保

●林工連携の推進
・林工連携（林業と工業の連携）等の推進

◆平成31年度の主な取り組み◆

■再造林の推進
・再造林の経費支援（補助率100％（うち再造林推進機構による補助10％））
・再造林加速化推進会議の開催

■高性能林業機械の導入
・高性能林業機械の導入やレンタルへの支援

■製材品の品質向上・流通拡大
・県内製材工場のＪＡＳ認定の取得支援

■公共・民間施設の木造化・木質化の推進
・交通拠点施設の木質化、木造民間施設への支援
・県庁ロビーの木質化
・県産木材利用建築物の顕彰

■県産木材の活用を推進する「しあわせウッド運動」の展開
・幼児期からの木に親しむ機会を提供するため、保育園等への県産木材の積み木を配布

■林工連携の推進
・山形県林工連携コンソーシアムにおける研修会、研究会等の開催

■情報発信等の取組み
・全国森林ノミクスサミットの開催
・林業遺産認定調査　等

数値目標:木材（素材）生産量（年間）	32万m³（H26）	→	60万m³（R2）

図1　やまがた森林《モリ》ノミクスの推進について

ます（図1）。

また、2019（平成31）年度に施行された森林経営管理法（新たな森林管理システム）を活用し、林業の成長産業化と森林資源の適切な管理の両立を図るため、市町村に対する技術的支援、県森林管理推進協議会の設置、林業事業体の体制強化や制度の理解促進などの取り組みを行っていますのでご紹介します。

写真１　第１回山形県森林管理推進協議会の様子

山形県森林管理推進協議会の設立背景

２０１８（平成30）年５月に森林経営管理法が制定されてから、市町村等を対象に新制度に関する説明会を開催し、実施体制や必要な支援等について意見を聞いてきました。

市町村からは、実施体制への県のサポートや市町村間の情報共有、森林簿情報の精度向上や林業事業体・担い手の育成等の森林整備の推進体制の強化を求める意見などが挙がりました。

新制度を円滑に運用していくためには、市町村や森林所有者、林業事業体等の制度の理解と協力は不可欠であり、市町村における林業技術者の確保など実施体制の強化に加え、森林整備を担う林業事業体の育成、林業従事者の確保等を着実に実行していく必要があります。

しかしながら、市町村では、新制度の運用に対して少なからず不安を持っており、周りの市町村の取り組みや進捗状況等を把握し、定期的に情報を共有する場の創設について強い要望があったことから、新たに協議会を設立し、新制度の進め方等を検討・支援していく体制づくりを行うこととなりました。

山形県森林管理推進協議会の取り組み

県では2019（平成31）年度、新たな森林管理システム（森林経営管理制度）の円滑な実施を目的に、情報共有や意見交換、関係者間の合意形成を図るための「山形県森林管理推進協議会」（以下、推進協議会）を設立しました（写真1）。

組織としては、県全体としての市町村の取り組み状況や課題を整理し、今後の進め方や支援策、受け皿となる林業事業体の育成などを協議、意見交換する推進協議会と、県内4地域（村山、最上、置賜、庄内）における地域課題の解決に向けた議論や具体的な取り組み、支援策などを検討する地域協議会で構成されています（図２）。

推進協議会は、県、県内全市町村、森林・林業・木材産業関係団体、森林管理署（オブザーバー）で構成し、２０１９（令和元）年9月に開催した初会合では、新制度の概要説明や市町村の進捗状況の報告が行われました。進捗状況では、前年度から事前準備を行い、年度内に意向調査を実施する予定の市町村がある一方で、これから意向調査の事前準備を検討していく市町村も多く、改めて市町村の取り組み状況に差があることが分かりました。

県としては、各市町村への森林環境譲与税の交付金額に開きがある上、市町村の人員体制によって進めるスピードも異なることから、まずはモデル地区などを選定し、先行できるところから始めて、実施の感触をつかんでから本格的に進めていくことも１つの方策と考えています。また、意向調査等を計画的に進めていく上では、森林資源量等の情報や地域の実情をしっかりと把握分析し、系統立てて進めていくことが重要と考えます。

会合では、森林経営管理制度の今後の進め方として、まずは森林所有者への意向調査に向けた事前準備作業を焦らず、じっくりと進めていくことを改めて確認しました。

今回の推進協議会の開催を受けて、２０１９（令和元）年10月から地域の実情を踏まえた課題解決等を検討する地域協議会を県内４地域で開催しました。

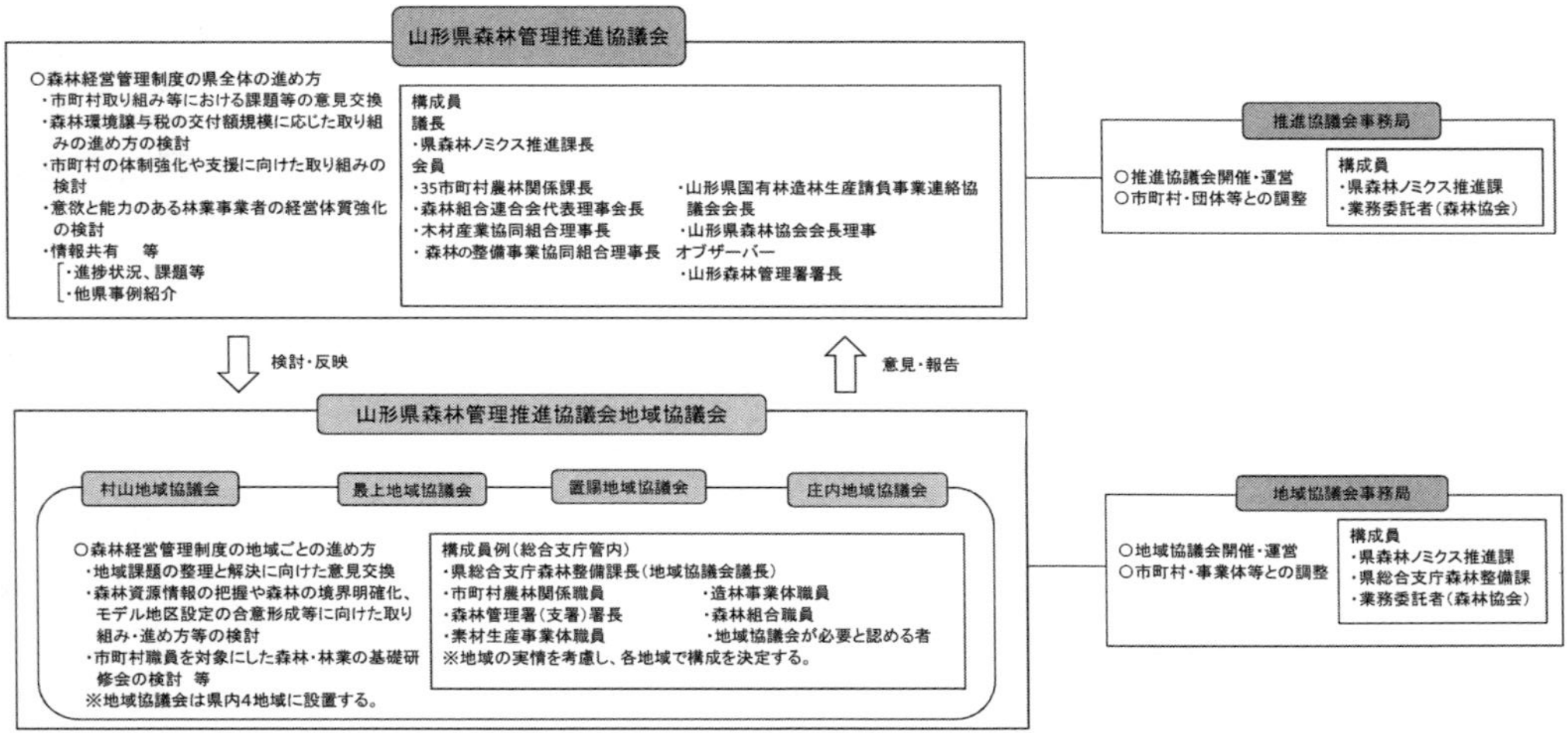

図２　山形県森林管理推進協議会構成図（スキーム図）

地域協議会は、県の出先機関の総合支庁、管内市町村のほか、管内の森林組合などの造林事業体や素材生産事業者にアドバイザーとして森林管理署を加えた構成となっています。

複数の市町村を所管する広域森林組合を抱える地域では、森林組合の積極的な協力を求める市町村の声が多くあり、森林組合・事業体等の全面的な協力を改めて確認しました。また、地籍調査が遅れている地域では、管内市町村で協力して航空レーザ測量を行い、境界明確化を進めていくことについて検討しました。

今後は具体的な地域の課題解決や次年度予算対応などを協議していくこととなりますが、各市町村が抱える個別の課題等については、県が直接技術的な指導や助言等を行い、市町村と共に解決に向けて協力して進めていきます。

林業ICT環境の支援

森林経営管理制度を進める上で、県が管理する森林簿や今年度から公表が始まった市町村の林地台帳等の情報は重要であり、意向調査等の進捗の鍵を握っています。

県ではＩＣＴ環境の整備に向け、森林資源情報や地図情報の精度向上と県・市町村・林業事業体との情報共有化を図るため、これまでのスタンドアローン方式の森林情報管理システム（森林ＧＩＳ）から森林クラウドシステムへの再構築を２０１８（平成30）年度に実施し、次年度より稼働しています。

この森林クラウドの導入によって、情報システムの運用に要する経費の軽減、森林資源等のデータの共有化が見込まれ、さらには施業の集約化や原木の安定供給に取り組む林業事業体への円滑な情報提供が図られることが期待されます。現在のところは、市町村と結ぶＬＧＷＡＮ回線を利用して、システムを導入した一部の市町村との情報共有を図っている段階ですが、全市町村の導入を目指して普及に取り組んでいるところです。

今後は、このシステムの目的でもある情報の共有化を図るため、林業事業体へのシステムの周知と導入促進を推進していくとともに、システム運用体制の整備、充実を図っていくこととしており、２０２０（令和２）年度以降、林業事業体のシステム導入を可能にするため、インターネットによるクラウドサーバへの接続に取り組みたいと考えています。

これにより、森林施業履歴や作業道の管理、タブレット等を用いた現地確認、森林施業の効率化・高度化等が図れ、将来的にはサプライチェーンの構築などによるスマート林業の取り組みが期待されます。

　また、市町村からの要望が強い、森林簿データの精度向上に関しては、航空レーザ測量の実施を検討しているところです。本県の林地の地籍調査の実施率は全国平均（45％）を下回る35％で、特に県の南部の置賜地域では2％の状況にあり、境界明確化は喫緊の課題です。そのため、デジタル化した詳細な地形情報や森林資源情報を広い範囲で取得し、情報の「見える化」が可能となる航空レーザ測量は大変魅力的です。

　これらで得られた情報は、森林簿データの精度向上や境界の明確化のみならず、路網・架線計画、木材生産計画の作成や生産管理等への活用が可能となることから、県では森林クラウドと航空レーザ測量によるＩＣＴ環境整備を通して、市町村、林業事業体等への情報支援を図っていきたいと考えています。

人材確保・育成について

森林環境税および森林環境譲与税を有効に活用していくためには、森林経営管理制度の主体となる市町村や、具体的な森林の整備と経営管理を担う森林組合などの林業事業体の体制強化を図っていく必要性があると考えています。

特に、多くの市町村では、専門の林業技術職員がほとんどいないという実情を踏まえると、何よりも実務を担う人材の育成・確保が重要となります。

本県では、２０１６（平成28）年度、県立農林大学校に林業経営学科を東北で初めて設置し、市町村や森林組合等で活躍できる林業技術者を育成しており、２０１８（平成30）年度から卒業生が現場で活躍しています。

しかしながら、市町村から要望があるように、新制度に対応できるだけの人材がまだまだ不足しています。多くの市町村担当職員は、森林・林業の専門職ではなく、３～４年程度で人事異動をしてしまうため、県による継続的な実施体制の支援が切望されています。

県においても、市町村が「地域林政アドバイザー」等を確保できるよう、県職員ＯＢなどの林業技術者のリスト化などあっせん等を試みていますが、現時点では人員の確保が進んでおらず、市町村では林政業務の一部や新制度における意向調査の事前準備等の作業を民間事業体等への業務委託で対応している状況です。

このため県では、新制度の理解を少しでも深めてもらうため、推進協議会を通じて、市町村

写真２　市町村職員基礎研修の様子

や林業事業体等を対象とした森林経営管理制度に関する研修会を２０１９（令和元）年９月に開催しました（写真２）。講師として、林野庁森林整備部森林利用課森林集積推進室の三間知也課長補佐を迎え、参加者約80名を前に新制度の概要や考え方、他県の取り組み状況等について熱心に講義していただきました。

また、同年11月には、森林経営管理制度の受け皿となる地域の林業事業体の体制強化を図る研修会を開催しています。

一方、各地域においては、地域協議会の開催などの機会を捉え、市町村担当者向けの森林・林業の基礎研修会やレーザ測量の勉強会を開催するなど市町村への技術的な支援に力を注いでいます。

課題と展望について

森林経営管理制度が施行され、各市町村を回り現状を聞き取って感じたことは、県も市町村も既存の補助事業に慣れ、国からのマニュアルやフローチャート、発注等の標準歩掛、仕様書などの提示がない中で、新制度にどう取り組んで行けば良いのか試行錯誤しているということでした。

また、新制度の取り組み状況については、同じ地域内であっても市町村間で差が広がっており、個別の指導・支援が必要であることを感じました。市町村によっては、林務担当職員が一人にも満たない体制で対応しているところもあり、２０１９（令和元）年９月末に交付された森林環境譲与税の当年度の使途も定まっていない市町村もあるのが実情です。

今後は、森林環境税が本格的に徴収される２０２４（令和６）年度頃をめどに、森林環境譲与税の使途について整理し、少しでも成果が出せるよう市町村担当者と協力して取り組んでいきたいと考えています。

新制度は、適切な森林の経営管理がなされていない森林について、市町村が森林所有者の意向を把握し預かったうえで、「意欲と能力のある林業経営者」に経営委託する仕組みであり、これまで林業経営に適しているにもかかわらず、経営管理をせずに放置されていた森林を経済ベースで活用し、地域の活性化や地域住民の安心・安全に寄与することが期待される制度です。

県としましては、市町村や林業関係団体と一体となって新たな制度を効果的に機能させ、県が提唱する「やまがた森林《モリ》ノミクス」の森林資源の循環と地域活性化につなげていきたいと考えます。「やまがた森林《モリ》ノミクス」は、林業振興と雇用創出により地域を元気にする施策であり、先人から受け継いだ山形の美しい森林を健全な姿で次世代につないでいく思いを県民や林業事業者と共有していかなければなりません。

県では森林環境譲与税を活用し、推進協議会を通じて新たな森林管理システムの進捗や他県の運営状況等に関する情報を適時提供するとともに、各市町村や林業事業者等への支援を一層進めていくこととしています。

島根県における森林経営管理制度の運用支援について

一般社団法人島根県森林協会森林経営推進センター長（技術士）
江角　淳

はじめに

一般社団法人島根県森林協会は、森林・林業の振興と地域社会の安定的発展に寄与することを目的に、関係市町村ならびに森林組合を会員として１９５７（昭和32）年に設立され、２０２０（令和２）年で62年目を迎えたところです。その間、林野公共事業等の推進役として活動を展開し、森林の有する多面的機能の維持増進を図るとともに、健全で多様な森林を育成するために必要な森林整備事業及び治山・林道事業の普及・促進に取り組んできました。

そうした中、林業の成長産業化と森林資源の適切な管理の両立を図るため、国において

2018（平成30）年に森林経営管理法が制定され、新たな森林管理システムである森林経営管理制度が2019（平成31）年4月にスタートしました。

また、制度の制定にあわせ、新税となる森林環境税・森林環境譲与税が創設され、広く国民の皆さまから負担をいただきながら、森林整備をこれまで以上に集中的に進めていく環境が整い、当協会の役割もさらに多様化・高度化してきたところです。

森林経営推進センター設立の背景

森林経営管理制度創設の準備段階より、市町村に林業の専門技術職員が不足していることが全国的な課題となっていました。島根県では、制度を運用するために市町村が行う業務を支援する推進組織の必要性が議論され、市長会及び町村会は、市町村において推進組織を設置することを決めるとともに、県に対しこの推進組織へ県の林業専門職員の派遣と、組織運営に対する財政支援などの緊急要望を行いました。島根県は、「伐って、使って、植えて、育てる」という循環型林業の推進を旗印に、原木増産を大きな目標として進めています。この数年、原木

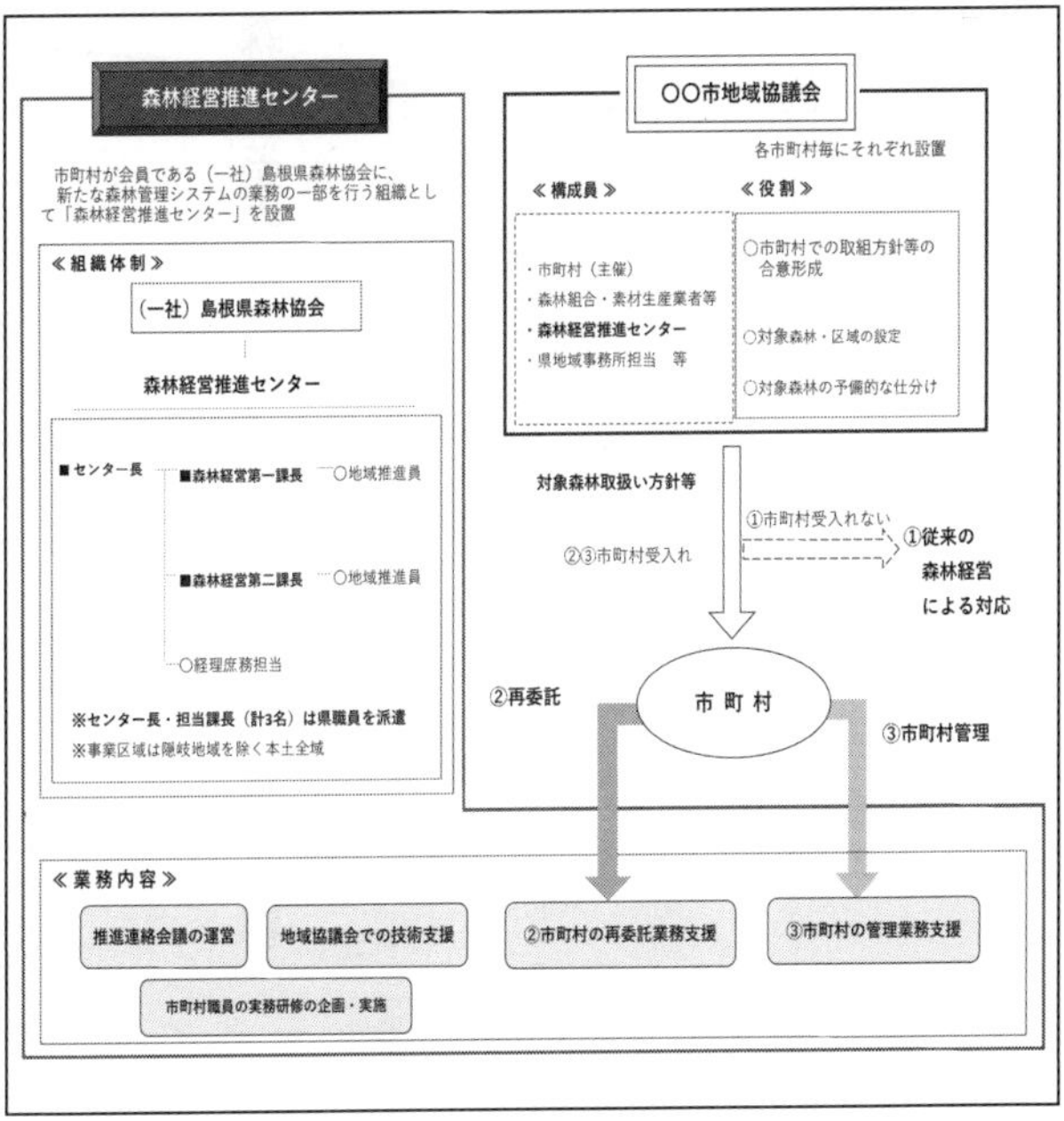

図1　森林経営推進センターの概要

生産量は確実に増加しており、今後この勢いをさらに拡大していくためには、森林経営管理制度を活用して凍結状態にある森林資源を循環型林業の枠組みに取り込み、循環の規模を拡大するエンジンの1つとして機能させ、林業の成長産業化につなげていくことが重要です。このことから、県は推進組織へ林業専門職員の派遣と財政支援を決め、2019（平成31）年4月、本協会内に「森林経営推進センター」が設置されることとなりました。

森林経営推進センターの概要と取り組み内容

森林経営推進センターは、図1のとおり県からの派遣による林業技術職員3名（センター長・担当課長2名）と地域推進員2名、経理庶務担当職員1名の計6名により市町村業務を技術的に支援する体制を整えました。具体的な業務内容については、基本となる市町村業務の技術支援に加え、各市町村の取り組み状況、課題の共有や解決に向けた検討・立案などを所掌する「森林管理システム推進連絡会議」の運営や、市町村担当者の人材育成を目的とした制度運営事務手続きや森林・林業に関する専門的技術の実務研修の企画・実施も行うこととしております。

なお、２０１９（平成31）年度からの新たな仕組みであるため、当センターによる支援業務の対象区域は、地理的条件や人員体制を考慮した結果、離島の隠岐地域4町村を除く本土15市町として取り組みを始めたところです。

市町村業務の技術支援

　主たる業務として位置付けている市町村業務の支援としては、各市町村で対象森林の選定等を行うために設置された地域協議会にアドバイザーとして参画し、技術的助言や資料作成・提供等技術的サポートに取り組むこととしています（写真1〜3）。具体的な技術サポート例としては、以下に示すとおり地域協議会で検討する対象森林（所有者の意向、事業体提案等）や対象範囲の選定、地域協議会での仕分け結果のとりまとめを支援します。

〈サポート事例〉

・森林ＧＩＳ、林地台帳等による現況調査、施業履歴データ等の活用サポート
・地勢、資源、路網整備、経営規模、収益見込み等の分析と技術的助言
・事前調査に必要な資料作成やとりまとめのサポート
・各調査結果のとりまとめと仕分け結果整理のサポート

　さらに市町村の再委託業務及び管理業務支援として、市町村による再委託先公募のための設

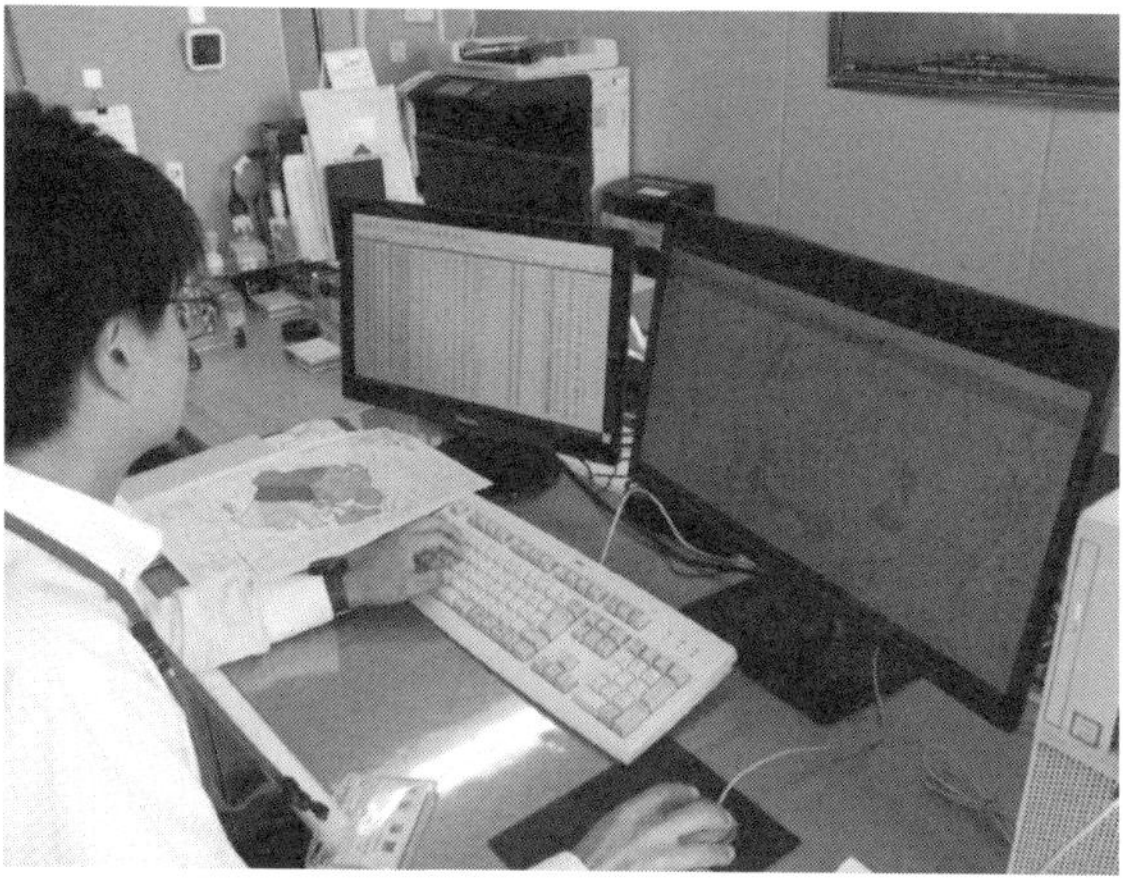

写真１　森林経営収支シミュレーションによる収益等の試算・分析

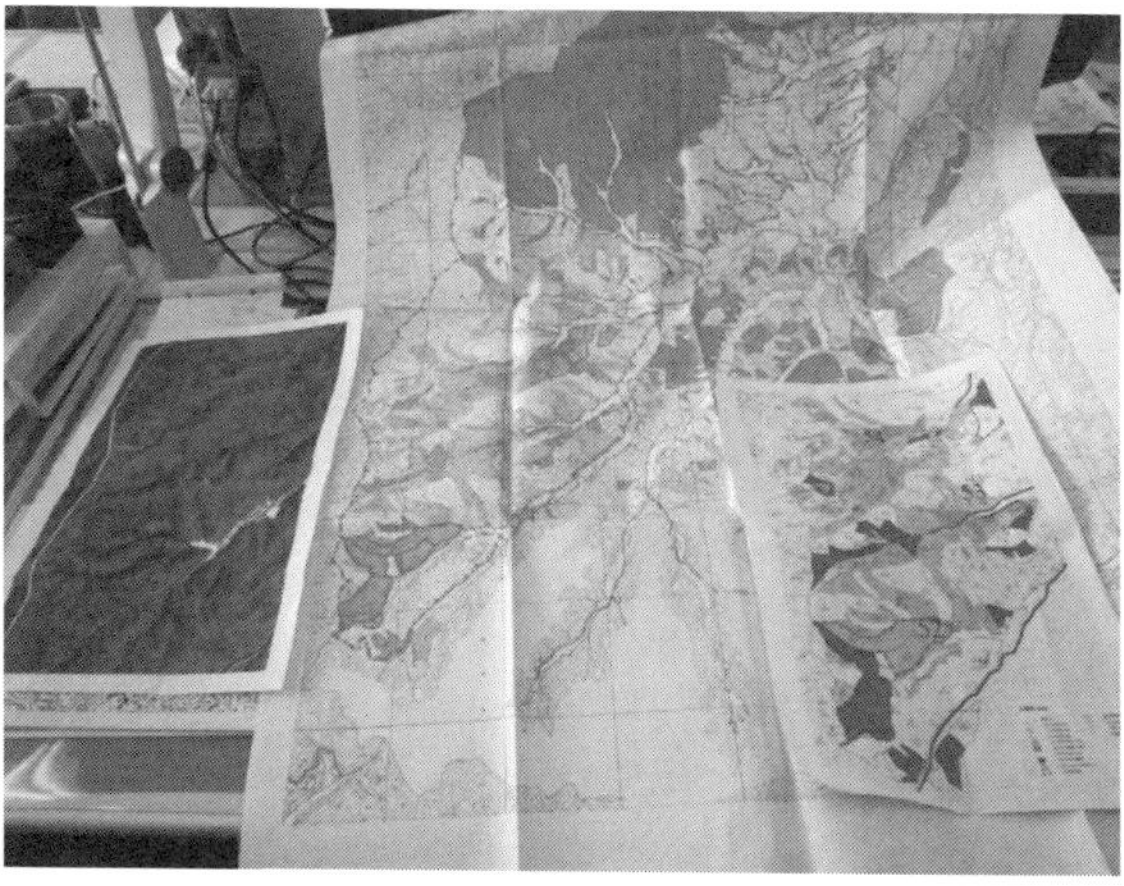

写真２　GIS等による現況および施業履歴データの整備

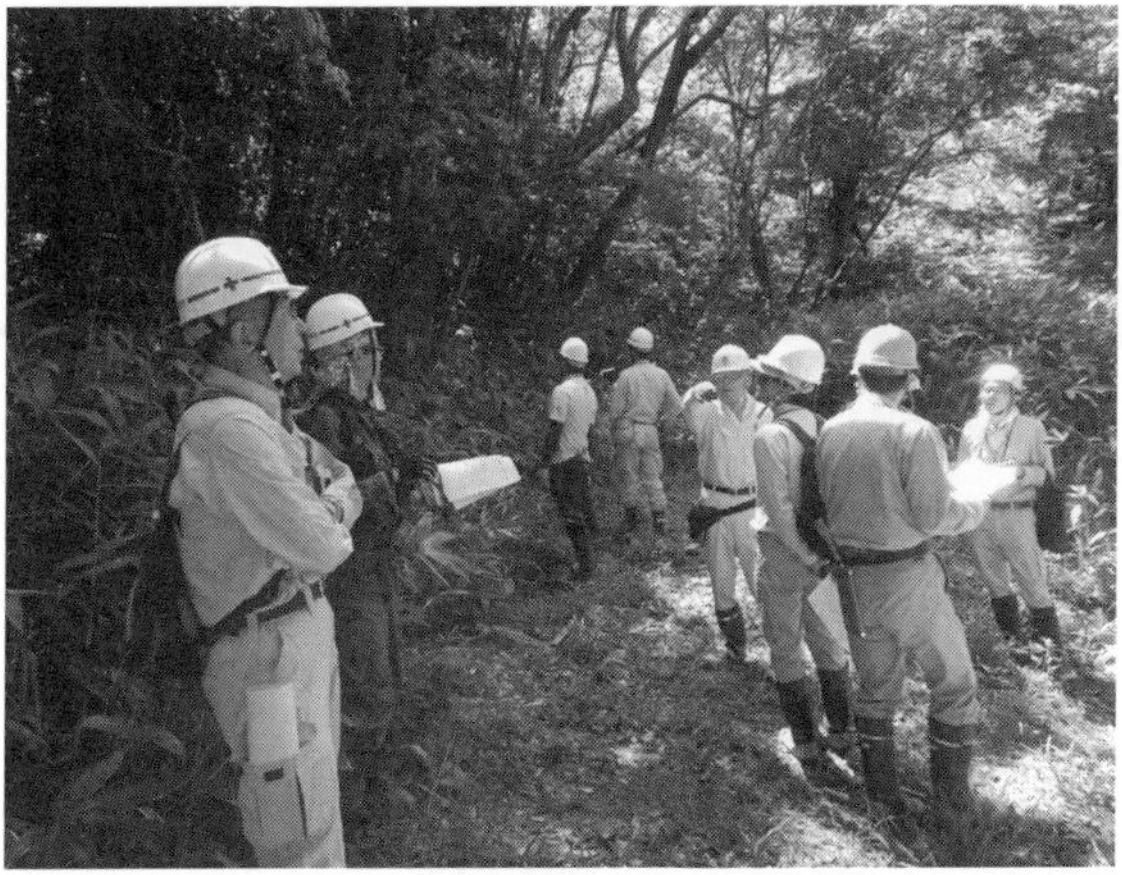

写真３　事前調査等の技術的助言

計書・仕様書や再委託先等の選定審査に必要となる審査資料の作成、経営管理権集積計画（案）及び経営管理実施権配分計画（案）の作成、個別施業の発注業務の支援や各種計画の進行管理、林業事業体による経営状況の確認や各種計画の台帳管理を支援します。

管理システム推進連絡会議の運営

各市町村の地域協議会については、県の指導のもと、２０１８（平成30）年10月の美郷町と浜田市から始まり、２０１９（令和元）年８月までに県下全19市町村での設置が完了し、各地域林業の実態に即した検討が進められています。

写真４　管理システム推進連絡会議（情報共有、課題解決の場）

併せて各市町村の取り組み状況の情報交換や課題の共有・解決に向けた検討を進めるため、市町村を参集した「管理システム推進連絡会議」を２０１９（平成31）年度第1回目として４月（西部地区）と5月（東部地区）、第2回目（県下全域）として9月に開催したところです（写真４）。第1回目会議は、制度内容の周知や市町村の推進体制支援を目的に開催しましたが、第２回目会議は、新制度スタートから半年経過したタイミングで、各市町村の取り組み状況と具体的課題の共有を目的に開催し、取り組みが遅れている市町村にとっては今後の取り組みの参考となる有効な会議となりました。今後は、再委託契約を締結した「意欲と能力のある林業経営者」の取り組み事例の紹介なども企画していく予定です。

市町村職員の実務研修の企画

民有林行政において、地域に密着した市町村の役割は、「森林経営管理制度」のスタートによりさらに重要となっていることから、市町村担当職員の人材育成についても大きな課題です。

このため、当センターにおいては、林野庁や県の協力を得て森林計画制度など森林・林業行政全般の基礎研修に始まり、森林経営管理法における市町村事務の実務研修の企画や市町村担当職員のための事務処理マニュアルの作成に取り組んでいます。

また、２０１９（令和元）年は、９月25日、26日の２日間にわたり、林野庁森林整備部森林利用課森林集積推進室担当官を講師に迎え、森林経営管理法の概要や制度運用に必要な各種事務手続きの講義に加え、意向調査や経営管理権集積計画の作成など具体的テーマを設定した実務研修を開催したところです（写真５）。研修後アンケートの結果、制度運用の課題としては、「林業に精通した職員がいない」、「森林境界が不明確」などの意見があり、必要な対策としては、「事

写真５　林野庁講師による意向調査ワーキング

務マニュアルの整備や研修の実施」、「人的な支援（技術者派遣等）」などが挙がりました。今後も受講者のニーズを把握し継続的な研修を企画していく予定です。

ＩＣＴ等先端技術を活用したスマート林業の実践的取り組み

⑴森林経営収支シミュレーションソフトの開発

森林経営管理制度の運用に際しては、森林経営が成り立つか否かをより正確に判断することが非常に重要です。当センターでは集積した森林の経営判断を定量的、客観的に実施するツールとして、森林経営収支を試算・検討するシミ

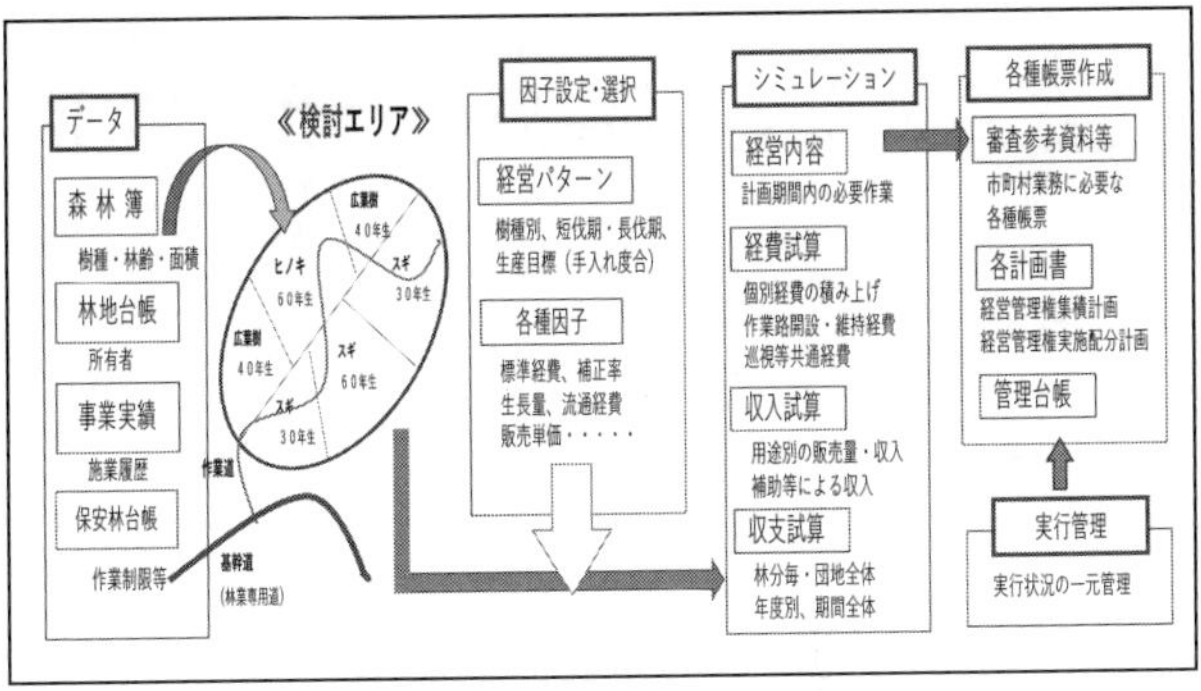

図２　森林経営収支シミュレーションソフトのイメージ

ュレーションソフト（図２）の開発も行っています。所有者・樹種・林齢・手入れの状況・地理的条件・路網の開設状況などを条件として与え、ひとまとまりの団地として経営が成り立つようにエリアを設定したうえで、伐採と再造林の実施時期、それらの最も効率的な方法等を計画します。あわせてそのコストを見積もり、将来生産される木材の質や量に応じた収益目標を定め、所有者、市町村に収益を分配するまでの各プロセスに対応するソフトウエアの開発に取り組んでいます。今回開発するソフトは、市町村へ配布し来年度からの検討の際に活用していく予定です。

なお、森林経営をシミュレーションするソフトはこれまでも様々な開発が行われてきましたが、多様な林業現場に応じた試算結果を得ることはとても難しいことが知られています。今回開発するソフトも運用当初から正確な結果を得ることは難しいと考えていますが、今後再委託森林が増える中で得られる実績データを踏まえた改良を重ね、より精度の高いソフトに更新していきたいと考えています。

(2) 森林資源情報の適正把握と共有化（見える化）

森林経営収支試算の精度向上に向けては、森林資源情報の適正把握が結果を大きく左右する重要なポイントとなります。森林資源情報の把握は、これまで人海戦術による森林の毎木調査や標準地調査等によっていましたが、今後制度の対象森林が増える中、効率的かつ迅速に森林資源情報を把握する手法を確立することが必要となります。このため、対象森林の検討にあたり、森林情報を効率的に把握するため、ＵＡＶ画像や航空レーザデータ、デジタル航空写真などを活用し、図３に示す樹高や森林体積の計測値から林分材積を推計することができないか、島根大学生物資源科学部　米康充准教授の協力を得て検討しています。

また、効率的な森林施業の集約化に向けては、森林境界とその所有者の明確化に要する業務の増加が森林経営におけるコスト増加の要因になり、喫緊の課題とされています。この業務負荷を軽減するため、これまで月刊『現代林業』にも紹介されたフリーソフトＱＧＩＳを有効に活用しています。

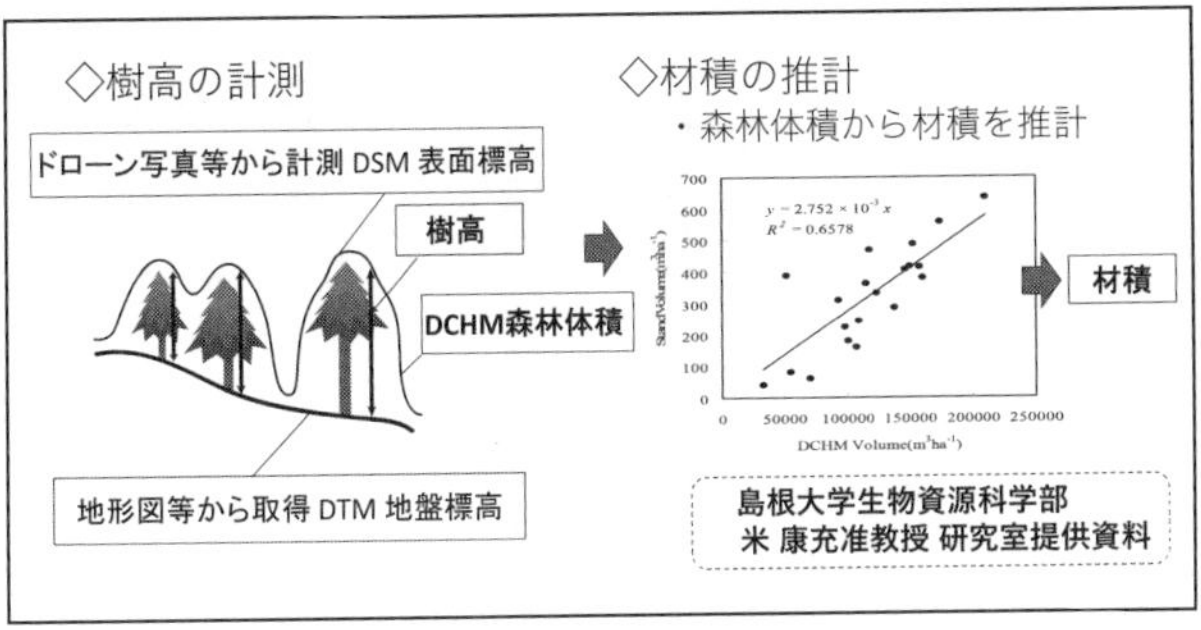

図３　樹高・資源量（材積）の計測

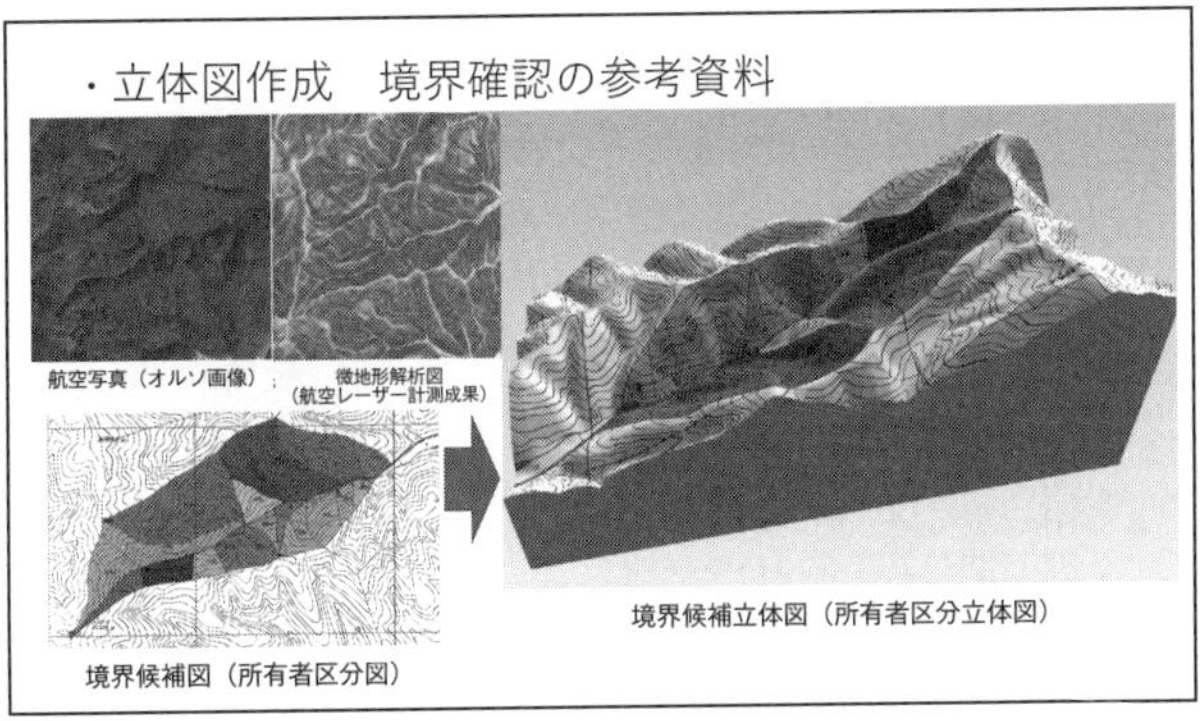

図４　モデル団地の取り組み事例

２０１９（平成31）年度、安来市においては、図４に示すとおり、林地台帳システムの情報を活用し、ＱＧＩＳにより路網整備のルート選定や境界確認図の作成に加え３Ｄ表示による森林所有者への説明資料の作成など森林情報の見える化に取り組み、机上で現地の状況を立体的に把握できることから、関係者からは対象森林の検討の際にイメージがしやすいと好評を得ました。

　今後は、これらのＩＣＴ等先端技術を活用した省力化に繋がる取り組みを県全域に普及するため、大学や県の試験研究機関である島根県中山間地域研究センター等とも連携し、産・学・官の協働による新たな手法の検討も進めて行きたいと考えています。

県の支援体制と制度を支える取り組み

(1)県の森林経営管理制度支援体制

　県では、森林経営管理制度の確実な定着を図るため、２０１９（平成31）年度の重点推進事項として「新たな森林管理システム推進プロジェクト」を立ち上げ、制度を運用する市町村と当センターを県地方機関の林業普及指導員が技術や情報等を駆使し全面的に支援することで、県内19市町村に少なくとも１地区の森林経営再委託モデル地区が設定されることを目標に掲げ取り組みを行っています。当センターとしては、県、市町村や林業事業体と連携を密にし、情報と課題を共有し制度運用の実効性確保に取り組んでいます。

(2)県の林業就業者確保・育成と林業事業体支援

森林経営管理制度を円滑に運用させるためには、素材生産等を担う林業事業体が確実な経営ができる体制を確保する必要があります。このため県では、林業の担い手対策や林業事業体支援に積極的に取り組んでいます。島根県の原木生産量は拡大基調にあり、2018（平成30）年度の生産量は7年前の約2倍となる63万m³となっており、県内の48林業事業体が中心となり原木生産や再造林の作業を担っています。

これらの林業事業体で雇用される就業者総数は、図5に示すとおり2018（平成30）年度は953人で微増傾向にあります。一方で、全産業で有効求人倍率は高止まりが続く中、各事業体とも求人数が確保できない状況が続いており、今後の就業者確保に危機感をもっています。こうした状況を踏まえ、県では担い手確保・育成対策の実効性を図るため、2018（平成30）年度に「島根林業魅力向上プログラム」と「しまね林業士制度」の2つの新たな制度を創設しました。

島根林業魅力向上プログラムは、

①労働条件・就労環境の改善

②新規就業の促進

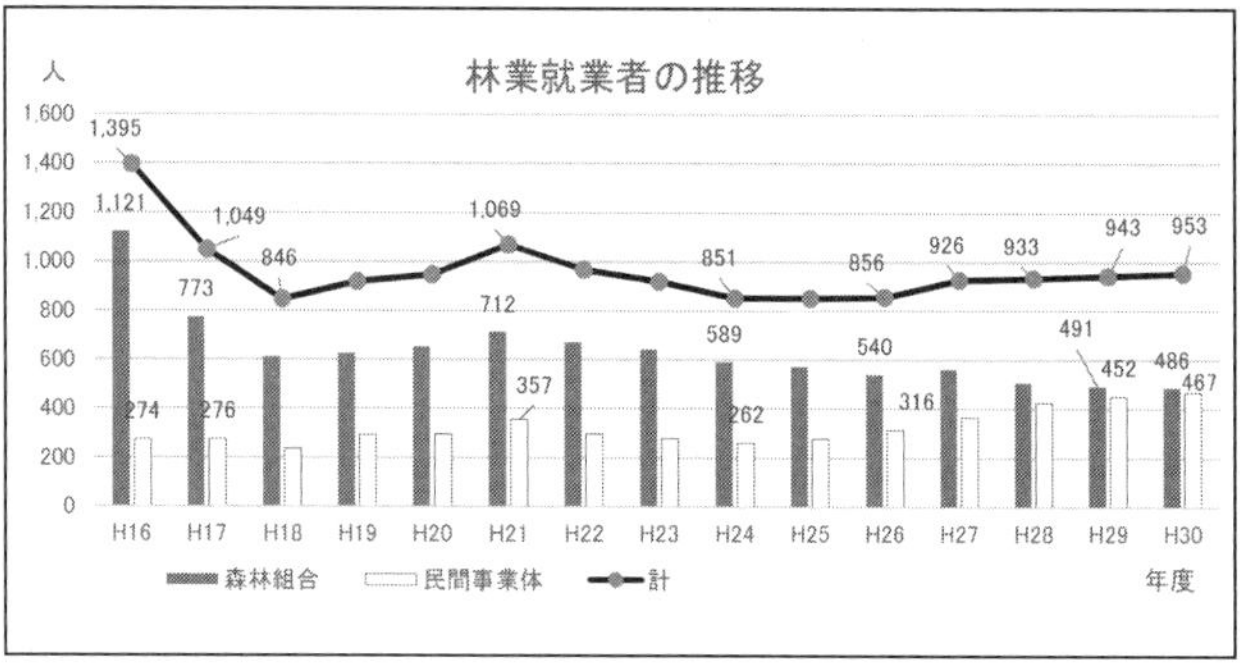

図５　林業就業者数の推移（島根県農林水産部林業課資料、2019（平成31）年３月末時点）

③事業拡大や収益性の向上

に取り組む林業事業体を県が認定し、業界全体で取り組みを推進する制度であり、現在48林業事業体が県の指導により登録されたところです。しまね林業士制度は、就業者のキャリアアップや能力評価による処遇反映などを促進するために設けた島根県独自の資格認定制度（表１に示す、准しまね・初級・中級・上級の４区分）であり、２０１８（平成30）年度は２０６人の林業士が資格登録され、担い手確保の環境づくりが整いつつあります。

また、県が設置している県立農林大学校林業科（２学年制、１学年定員10名）では、多くの資格と技術をもつ林業技術者を育成し、卒業生を県内の林業事業体に輩出していますが、林業事業体にとって即戦力でかつ定着率も非常に高いことから、農林大学校の人材育

表１　しまね林業士の資格区分（島根県農林水産部林業課資料）

資格の区分	目標とする技術者像
准しまね林業士	林業の基礎知識を習得し、将来の島根県の林業の担い手となる者
しまね林業士（初級）	林業の現場や管理の主力としての役割を果たす者
〃　　（中級）	林業現場や管理のリーダーとして、司令塔の役割を果たす者
〃　　（上級）	林業現場における高度な技術の実践や技術指導、経営戦略に沿った事業の実施や管理、企画立案などを行う者

成に大きな期待が寄せられています。これを受けて、県では２０２０（令和２）年度から同校林業科の定員を倍増（１学年定員10名を20名へ）することになり、林業就業者の確保と技術力のある人材輩出の体制強化にも取り組んでいます。

また、森林経営管理制度を推進するにあたり、県が選定する民間事業者（意欲と能力のある林業経営者）は、制度の推進役だけでなく、本県の林業成長産業化を担う主たる事業体として育成する方針で取り組みを進めています。具体的には、２０１９（平成31）年度から交付される「森林環境譲与税」を財源に、「意欲と能力のある林業経営者育成強化対策事業」を創設し、林業の魅力向上や事業体の体質強化のために行う事業体自らの取り組みを支援しています。

当面の課題と今後の予定、展望

本制度は、森林経営とその管理が放置された森林を市町村が経営管理することができるこれまでにない画期的な取り組みであり、将来的に森林所有者の経営意欲の低下や所有者不明森林の増加が懸念される中、これらの森林を持続可能な林業経営につなぐツールとして、制度を確実に定着させることが重要です。制度の安定的な運用にあたっては市町村が継続的に取り組む状況を維持する必要があるとともに、再委託を受ける側である林業事業体の理解と協力無しには定着はあり得ないと考えています。そのためには、前述の県が進める担い手確保・育成支援対策を業界全体で共有し、林業事業体が他産業に負けないよう、一層の魅力を向上させる必要があると考えています。

また、特に初めての取り組みとなる2019（平成31）年度の結果が非常に重要であり、関係者が一丸となって取り組む必要があります。

さらに、今後市町村、県及び林業事業体（意欲と能力のある森林経営者）と情報と課題を共有することで一層の連携を図り、森林経営管理制度を確実に運用させることにより、県下で放置されていた森林の整備と地域林業の活性化を推進していきたいと考えています。

森林経営管理制度における鹿児島県の市町村支援対策について

鹿児島県環境林務部森林技術総合センター普及指導部主任林業専門普及指導員
奥　幸之

森林経営管理市町村サポートセンターの設置

当センターは、「新たな森林管理システム」構築に向けて２０１８（平成30）年５月に設立し、２０１９（平成31）年４月から施行された「森林経営管理法」に基づいて、新たな森林管理システムである「森林経営管理制度」がスタートしたことに伴い設置した組織です。

これまでの森林経営は、森林所有者が森林組合や林業事業体に造林や間伐などの森林施業を直接委託するなどして進められてきましたが、新たな制度では、経営・管理が適切に行われていない森林について、市町村が仲介役となり、「森林所有者」と「意欲と能力のある林業経営者」

をつなぐシステムを構築し、地域の森林の適切な経営管理を図るものです。

市町村は、従前からの

①市町村森林整備計画（マスタープラン）に基づく実行監理
②森林経営計画の認定
③15条伐採届出の受理および集計業務
④10条伐採・造林届の受理および指導
⑤林地台帳（森林の土地の所有者となった旨の届出）の整備と管理
⑥有害鳥獣捕獲の許可と捕獲体制の整備
⑦市町村有林（分収契約林を含む）の管理、施業の実施

などの業務に加え、これから、森林所有者の意向調査や所有者が経営管理できない森林の林業経営者への委託、採算の合わない森林の管理などの業務に取り組むことになります。

県は、この制度の中心的役割を担う市町村の業務負担を軽減し、制度の円滑な運営を図るため、「森林環境税及び森林環境譲与税に関する法律」に基づく森林環境譲与税を活用し、『森林経営管理市町村サポートセンター』を設置し、運営を鹿児島県森林組合連合会に業務委託しました。

センターの支援体制と業務

同センターは、制度に基づいて市町村が実施する業務に関する助言等を行う広域林政アドバイザー２名と事務職員を合わせた３名体制で業務にあたり、さらに、県では、今年度から本庁に担当参事、地域振興局に担当主幹４名を新たに配置し、積極的に制度の推進を図っているところです。

また、同センターは、市町村が行う経営管理に関する実務的な業務について、

①森林経営管理制度の普及・啓発
②森林情報の整備
③森林所有者の調査・把握
④森林経営管理の意向調査および同調査の中長期計画の作成
⑤経営管理権集積計画の作成
⑥経営管理実施権配分計画の作成
⑦市町村森林経営管理事業の実施

などを支援することとしており、同センターの業務と市町村の支援体制については、図１のと

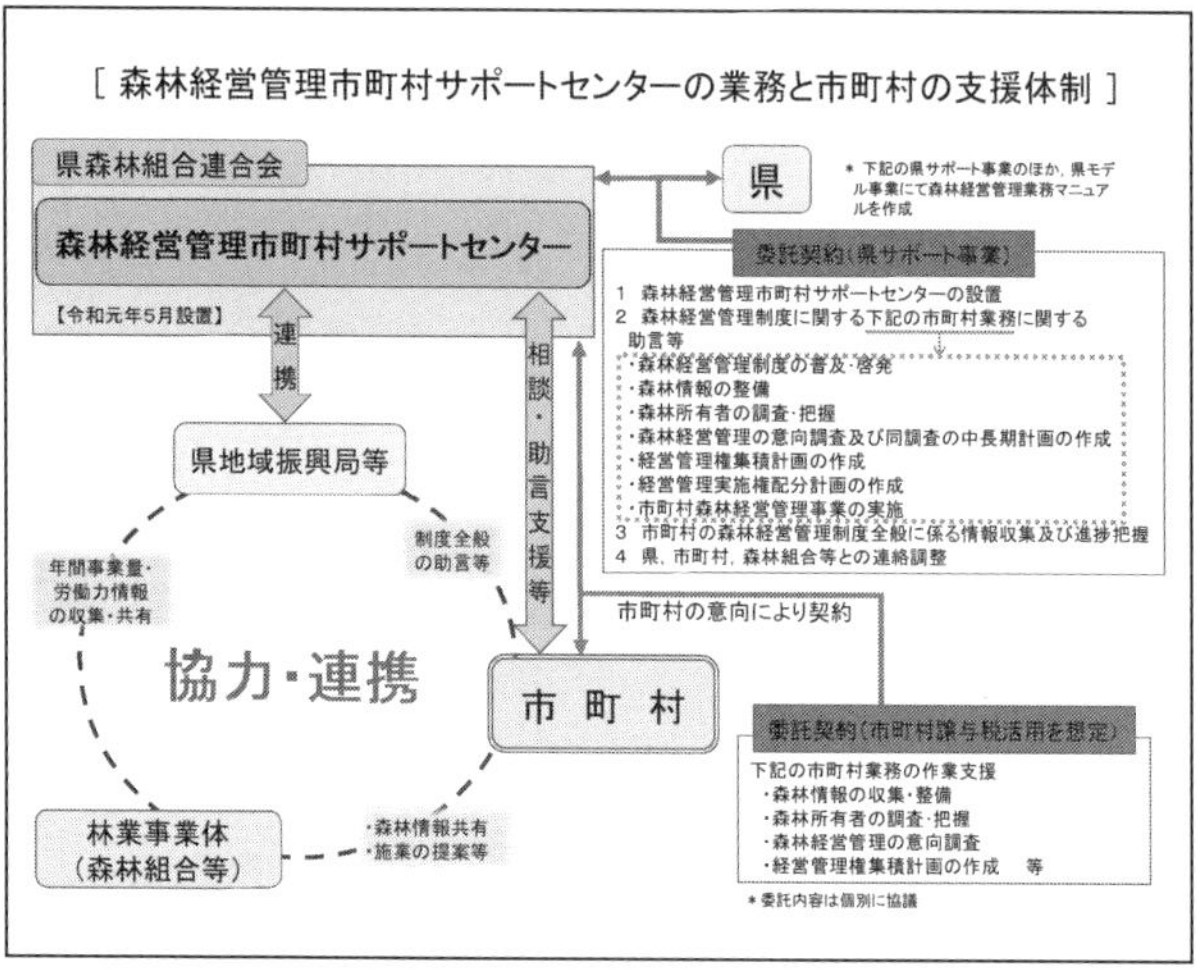

図１　森林経営管理市町村サポートセンターの業務と市町村の支援体制

おりです。

森林経営管理制度に関与する普及指導業務の実践

森林経営管理制度における市町村の支援体制については、前述のとおりサポートセンターの設置や県職員5名の新たな配置により体制の強化を図ったところですが、市町村は林業経営に適した森林か否かの判断など専門性を有する業務を行うことになり、一部の市町村では、森林・林業行政に精通した林政アドバイザーを雇用するなどの取り組みが見られるものの、林業専門職員が極めて少ない状況です。

このため、技術的知見から市町村の支援策に関して、普及指導業務に従事する県職員21名の林業普及指導員（全員が森林総合監理士）が何を行うべきなのか、何を実践すべきなのか、協議・検討してきたこと、実践していることなどを紹介します。

林業経営の効率化と森林の管理の適正化の一体的な促進を図る森林経営管理制度において、市町村における技術的知見に立って最も判断を要する業務は、森林所有者への意向調査により、市町村が経営管理を行うための権利を取得した森林で、「意欲と能力のある林業経営者」に再委託できる森林なのか、市町村自らが経営管理を実施することになる森林なのか、その見分け方の判断基準であると考えます。

また、森林所有者への意向調査の優先順位についても、
①過去10年以上施業が実施されていない森林
②森林経営計画が策定されていない森林
③森林経営計画が認定されている周辺の森林
などの地域の実情を検討し、特に、森林経営計画が認定されている周辺の森林については、なぜ、その森林では、森林経営計画が策定されなかったのか、その理由を認定請求者の視点で考

えてみると、

①人工林資源が少ないから

②森林所有者との長期受委託契約締結を拒否されたから

③間伐手遅れなどで、施業コストの増加が予測されたから

④認定請求時点での事業執行体制では、認定面積を増大した場合、認定要件を充足できなくなることが想定されたから

などが想定されました。

その理由の中でも、「①人工林資源が少ない」は、意向調査の優先順位が最も低く、「②森林所有者との長期受委託契約締結を拒否された」は、市町村が仲介役となる同制度では、森林所有者の不安感は取り除くことが可能だと予想されます。「③間伐手遅れなどで、施業コストの増加」と「④認定請求時点での事業執行体制では、認定面積を増大した場合、認定要件を充足できなくなることが想定された」については、今後の課題解決に向けたテーマの1つとして捉えることにしました。

このような検討の結果、意向調査の優先順位は、森林経営計画の策定されていない理由を勘案しつつ、「森林経営計画が認定されている周辺の森林」または「森林経営計画が策定されて

いない森林」として、「市町村森林経営管理事業」の対象となる森林の判断基準を整理し、県内の市町村林務担当職員を対象に、『市町村森林管理技術者養成研修』を２０１９（平成31）年８月に開催しました。

開催にあたっては、

①森林経営管理制度に係る森林経営の考え方

②スギ・ヒノキ人工林の適正管理

③木材生産に関する作業システムと路網開設について

を説明するとともに、「市町村森林経営管理事業」の対象となる森林、いわゆる、「意欲と能力のある林業経営者」に再委託できる森林なのか、市町村自らが経営管理を実施することになる森林なのかの判断基準を『鹿児島県育林技術指針（平成18年11月）』に基づき、40年生・50年生・60年生のスギ・ヒノキ林分の成立本数や平均樹高、平均胸高直径を収量比数０・85（間伐等手遅れ林分と想定）でシミュレーションし、それらの林分における間伐・主伐経費の試算と直近の木材市況における販売見積額を試算し、収入と支出を差し引く「市場価逆算法」で、採算の合う森林などの判断基準を説明しました。

また、これらの室内研修の翌日には、霧島市国分川原地内にある福山県有林内のスギ・ヒノキ林分で、森林の調査方法と作業経費算出のための集運材距離の判定や山土場設定などの現地調査のポイントを解説し、また、木材収入の販売見積額算定のための立木評価方法（直・小曲・曲の判定）などの現地実践研修も実施しました。

当面の課題と今後の展望等

県内43市町村における森林経営計画の認定状況やスギ・ヒノキ人工林資源の成長度具合の違いや「意欲と能力のある林業経営者」の認定者数を勘案し、地域の実態に応じた現地実践研修が必要であり、この研修の実施方法は、

①林業普及指導員と関係市町村職員（以下、両者という）による収量比数0・85以上の40年生程度のスギ・ヒノキ林分と50～60年生のスギ・ヒノキ林分を選定

②両者による標準地調査の実施

③林業専門普及指導員によるドローンを活用した現況確認と施業経費および木材販売収入見積額算定のための事前調査の実施

④林業専門普及指導員による現況に応じた資料作成
⑤実践研修の実施（現地・室内）
を考えており、２０１９（平成31）年度中に県内６地区において実施する計画です。

　また、市町村は、ただ単に、林業経営の採算性について判断するだけではなく、「意欲と能力のある林業経営者」が森林所有者から委ねられた森林の整備をいかに図るかが重要であると再認識する必要があります。

　このことから、林業経営の採算性については、「市場価逆算法」による判断基準を習得するだけではなく、市町村内の各地域において、どのような条件整備が充足されれば、「間伐手遅れなどに起因する施業コストの増嵩」を理由として、林業事業体等が森林経営計画の認定請求を行わなかった要因を解決できるのか、「森林経営計画の認定請求時点での事業執行体制では、認定面積を増大した場合、認定要件を充足できなくなること」を解消することができるのか、などを地域関係者との協議検討を行い、課題解決に向けた実行が必要となってきます。

　そのためには、「意欲と能力のある林業経営者」が森林経営管理制度に基づく積極的な関与が可能となるように、担当主幹および林業普及指導員は、市町村の支援策として、各種の条件整備を地域特有の個別課題として捉え、関係者からの意見聴取とその課題解決を図るために、関係市町村に対して、森林環境譲与税の使途事業に関する企画提案書を作成し、その具現化に向けた取り組みを実行していくことが重要であると考えています。

最後に、市町村や「意欲と能力のある林業経営者」などの関係者と地域課題を抽出し、合意形成を図り、この課題を解決するために、意欲と能力を発揮し続ける本県林業普及指導員、フォレスター集団の企画・構想力と実行力をもって、森林・林業行政の直近の重要課題である森林経営管理制度の円滑な運用に向けた取り組み努力を継続していきます。

本書の著者

■ **解説編**

箕輪　富男

林野庁森林整備部森林利用課長

■ **事例編１**

杉山　利久

秋田県大館市産業部農林課主査

大澤　太郎

埼玉県秩父市環境部技監（森林総合監理士）

湯本　仁亨《まさゆき》

埼玉県秩父市環境部森づくり課主任

和田　将也

岐阜県郡上農林事務所林業普及指導員（森林総合監理士）

内木《ないき》　宏人

岐阜県中津川市農林部林業振興課　統括主幹

（兼）林業振興対策官

工藤　剛生《たけお》

徳島県西部総合県民局農林水産部課長補佐（森林総合監理士）

坂本　康宏

愛媛県中予地方局産業経済部久万高原森林林業課
森づくりグループ担当係長

■ **事例編２**

齋藤　浩

山形県農林水産部森林ノミクス推進課　森林経営管理専門員

江角　淳

一般社団法人島根県森林協会森林経営推進センター長（技術士）

奥　幸之

鹿児島県環境林務部　森林技術総合センター普及指導部
主任林業専門普及指導員

林業改良普及双書 No.194

市町村と森林経営管理制度

2020年2月25日　初版発行

編著者 —— 全国林業改良普及協会
発行者 —— 中山 聡
発行所 —— 全国林業改良普及協会
〒107-0052 東京都港区赤坂1-9-13 三会堂ビル
電 話　03-3583-8461
FAX　03-3583-8465
注文FAX　03-3584-9126
H P　http://www.ringyou.or.jp/

装 幀 —— 野沢清子
印刷・製本 — 松尾印刷株式会社

2020 Printed in Japan
ISBN978-4-88138-383-4

全林協の図書

森林経営計画ガイドブック（令和元年度改訂版）

森林計画研究会　編

森林経営計画の内容と作成方法、各種手続きなどを詳細に解説したガイドブックです。令和元年にスタートした森林経営管理制度に係る変更点を全面にわたって反映させた最新改訂版となっています。

森林経営計画で実際に作成する内容と具体的な記載例から支援措置の受け方に至る森林経営計画のすべてを、図表やイラストを豊富に用いて詳細に解説しています。また、各章に設けたQ&A方式の「実務相談室」では、森林経営計画をたてる人の目線から見た疑問点に丁寧にお答えしています。巻末の資料編には最新の関係法令集を掲載しました。

都道府県・市町村担当者の実務参考書として、また、森林組合、林業事業体、森林所有者など森林経営計画を作成する方々の手引き書として必携の一冊です。

Ｂ５判　278頁　定価：本体3,500円＋税

ISBN978-4-88138-381-0

業務で使うQGIS Ver.3 完全使いこなしガイド

喜多 耕一　著

林務行政、林業経営に活かせるQGISの応用事例を豊富に紹介しています。本書で便利なデータ処理、地図化、ファイル作成等について項目別にていねい解説しています。

本書で学ぶ主な操作解説内容

QGISについて／QGISのインストール／QGISソフトの基本的な操作方法／さまざまな機能をつかった応用事例／長さ、面積を測定・計算する／紙地図をQGISで使う／デジカメ＋GPS同期させ、写真から地図ポイントを作る／小班の属性データと森林簿データを結合する／路網から一定範囲のバッファを作り、重なる小班を切り取る／小班内のシカ目撃情報を集計する／山を３Dで表示する／土砂災害警戒区域内にある福祉施設をカウントする／小班や路網データをGoogleEarthに表示する／CS立体図を作成するなど

Ｂ５判　640頁　オールカラー　定価：本体6,000円＋税

ISBN978-4-88138-378-0

全林協の月刊誌

月刊『現代林業』

わかりづらいテーマを、読者の立場でわかりやすく。「そこが知りたい」が読める月刊誌です。

明日の林業を拓くビジネスモデル、実践例が満載。「森林経営管理法」を踏まえた市町村主導の地域林業経営、林業ICT技術の普及、木材生産・流通の再編と林業サプライチェーンの構築、山村再生の新たな担い手づくりなど多彩な情報をお届けします。

A5判 80ページ 1色刷
年間購読料 定価：5,976円（税・送料込み）
2020年4月号から価格改定します。
新価格／年間購読料 定価：6,972円（税・送料込み）

月刊『林業新知識』

山林所有者の皆さんとともに歩む月刊誌です。仕事と暮らしの現
地情報が読める実用誌です。

人と経営（優れた林業家の経営、後継者対策、山林経営の楽しみ方、山を活かした副業の工夫）、技術（山をつくり、育てるための技術や手法、仕事道具のアイデア）など、全国の実践者の工夫・実践情報をお届けします。

B5判 24ページ カラー／1色刷
年間購読料　定価：3,756円（税・送料込み）
2020年4月号から価格改定します。
新価格／年間購読料　定価：4,320円（税・送料込み）

<出版物のお申込み先>

各都道府県林業改良普及協会（一部山林協会など）へお申し込みいただくか、
オンライン・FAX・お電話で直接下記へどうぞ。

全国林業改良普及協会

〒107-0052　東京都港区赤坂1-9-13　三会堂ビル　TEL. 03-3583-8461

ご注文 FAX 03-3584-9126　http://www.ringyou.or.jp

※代金は本到着後の後払いです。送料は一律550円。5000円以上お買い上げの場合は無料。
ホームページもご覧ください。

※月刊誌は基本的に年間購読でお願いしています。随時受け付けておりますので、お申し込みの際に購入開始号（何月号から購読希望）をご指示ください。

※社会情勢の変化により、料金が改定となる可能性があります。